水の警鐘

世界の河川・湖沼問題を歩く

朝日新聞論説委員
渡辺 斉 著

水曜社

わずかな草をむさぼる高原の牛・ヤク(中国青海省)。水枯れ、草原の退化の原因に地球温暖化の影響が指摘されている。

緑が少ないために風雨で土砂が崩れる「水土流失」は黄河流域が抱える問題の一つである。黄土高原の段々畑はそれを防ぐための工夫だ（中国山西省偏関県）〔Ⅰ〕

二〇〇二年の中東欧洪水では開発の歴史が被害を大きくした。美しいブルタバ川（チェコのプラハ）も五百年に一度という流量を記録した〔Ⅱ〕

砂漠と化したかつての草原。ラクダが歩くはるか向こうの地平線には緑の蜃気楼が浮かぶ〔Ⅱ〕

ロバに乗って遠くから水をくみに来た少女たち（スーダン西部のモートレット村）〔Ⅱ〕

なくなった干潟の代わりにつくられた汚水浄化のための人工湿地（韓国の始華湖）〔Ⅳ〕

撤去されるエルワーダム（米国ワシントン州）。「ダムの時代」は終わりを迎えなければならない〔Ⅲ〕

天山山脈の雪解け水を運ぶ古代の地下水路・カレーズ(中国新疆ウイグル自治区のトゥルファン)。自然の理にかなったカレーズは現代の水危機を乗り越える道を示している。

目次◆水の警鐘　世界の河川・湖沼問題を歩く

〈筆者が歩いた主な水の現場の関係国・地域〉

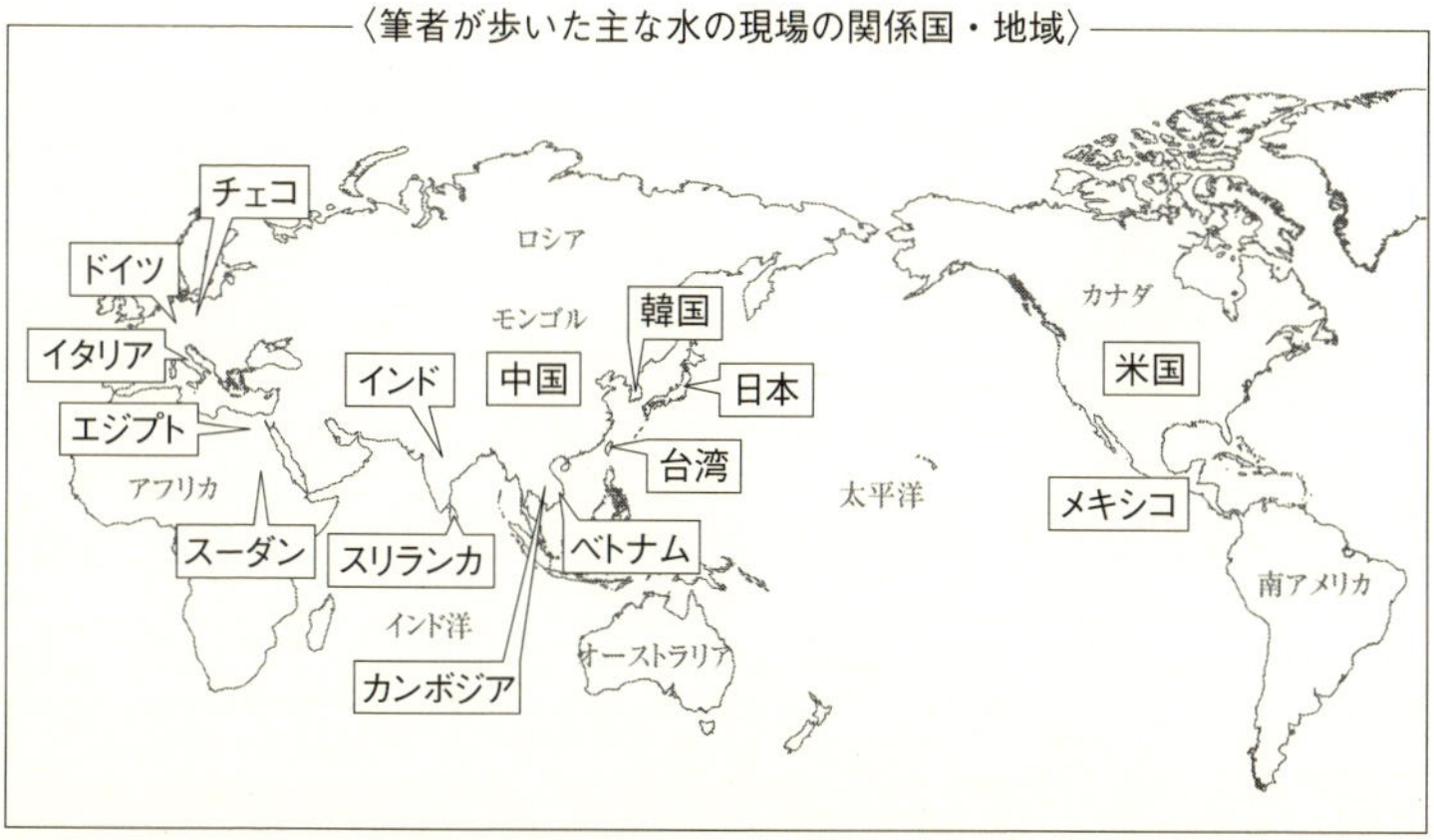

ガンジス川で身を清める人々。古代より川は畏敬の対象であった

プロローグ　古代と近代と

古代人の水

インド・ガンジス川のベナレス。小舟に乗って辺りを見ると、民族服をまとった女性や裸の男性、子どもやお年寄りが岸辺の階段から水に足を踏み入れていた。両手で水をすくい、頭から浴びる人、水中にすっぽり身を沈める人、容器に水を入れる人。中には、口に水を含む人さえいた。

インド人のガイドも舟から身を乗り出して飲み、「大丈夫です」と言った。こうした風景は人々が水を恐れ、あがめてきた証しである。岸辺では遺体を焼いていた。灰はガンジスの水の中に消えてゆく。

古代メソポタミアの地で三千七百年余り前に書かれたハンムラビ法典（中田一郎訳）を読むと、水や川に関する記述が多く出てくる。古代人がいかに水を畏敬《いけい》していたかがうかがわれる。少し長いが、一部を引用すると、

「……呪術《じゅじゅつ》（の罪）で告発された人は川に行き、川に飛び込まなければならない。もし川が彼を捉えたならば、彼を起訴した者は彼の家（産）を取得することができる。もしその人を

川が無罪放免し、（彼が）無事生還したならば、彼を呪術（の罪）で告発した者が殺されなければならない……」

などと書かれている。罪の審判を川に委ねているのだ。川は「裁きの神」だった。

古来、各地で川や水が信仰とともにあったのは、圧倒的な自然の力の前に、人は謙虚だったからである。雨や川は洪水をもたらす一方で、その水は大地を潤し、豊かな作物を実らせる。水は「命の源」だ。

農耕民族の日本人にとって、水は恵みの神だった。社やほこら、地蔵。あちこちで水がまつられている。山の頂上にも神社はある。山は水の源。山への信仰心も水に感謝の思いを込めたものだろう。昔から知られる「白山信仰」でも、山には「水をつかさどる神まします」と信じられてきた。

神の手から人の手に

そうした水を文明は神の手から解き放ち、支配しようとしてきた。近代はそれが顕著に表れた時代だ。鉄とコンクリートを使い、土木技術の力で河川を整備し、ダムを造り、機械井戸を掘って水を開発し、利用できるだけ利用しようとしてきた。水を養う森林を切り拓き、湿地を埋め、農業や都市の開発も進めた。開発や車社会は大気を汚して気候変動を招き、

「水の循環」を狂わせた。

人口の増加や豊かになろうとする思いがそうさせたのだろうが、しかしその結果、この地球は、自然は、水はどうなったか。水はだれのものか。神のものではないにせよ、人のもの、いまの世代だけのものでもない。そこに深く思いをはせなければならない。

手元に一冊の報告書がある。

二〇〇三年三月に京都など関西で開かれた「第三回世界水フォーラム」で、国連から発表された『世界水発展報告書』だ。国連の児童基金（ＵＮＩＣＥＦ）や開発計画（ＵＮＤＰ）、環境計画（ＵＮＥＰ）、世界保健機関（ＷＨＯ）、世界銀行など、二十三の国際機関が英知を集めて作った。表紙には子どもが頭から水を浴びている写真があり、その下に「人類のための水、生命のための水」と書かれている。そんな思いを込めた報告書だが、中身は厳しい言葉で埋め尽くされている。

「気候変動によって世界の水不足が約二〇パーセント、より深刻になることが示唆されている」

「（世界では）今世紀半ばまでに、最悪の場合で六十カ国の七十億人、最善の場合でも四十八カ国の二十億人が水不足に直面する」

影響を最も受けるのは貧しい人々である。彼らは水の量ばかりか、質の面でも苦しめられる。報告書は「十一億人が良質の上水を利用することができず、二十四億人が改善された下水道設備を利用できないでいる」と危機感を表している。

不衛生な環境のために、二〇〇〇年の場合だけ見ても、水汚染などに起因する下痢や住血吸虫症、トラコーマ、腸内寄生虫などによる推定の死亡数は二百二十一万三千人に達した。ほかに、百万人がマラリアで亡くなったとみられている。いずれも犠牲になったのは多くが五歳未満の子どもだった。

豊かさを期待された近代文明は、子どもの命も救えない状況にある。近代とは何か。世界を覆う水問題はそんな問いを突きつけていると言える。

イラク戦争の憂うつ

国連の水報告が発表された世界水フォーラムの主会場は京都の国立国際会館だった。そのロビーで、大きなテレビ画面を囲むフォーラム参加者の顔を曇らせたことがあった。イラク戦争の勃発《ぼっぱつ》の時だった。背の高い人、低い人、顔の黒い人、黄色い人、白い人、さまざまな国籍を持つ人々は無言でロビーに立ちすくんでいた。戦争は、世界百八十二の国・地域から集まった二万四千人が水問題を話し合っているさなかに起きた。テレビが伝える戦争ニュースの音とは対照的に、その場を沈黙が支配していた。

戦争という環境破壊を前に、自分たちは何をしているのか。そんな無力感に襲われたのは私だけではあるまい。

フォーラムは、研究者でつくっている「世界水会議」が開催国の協力で三年ごとに開いている。「人々に安全な水を供給しよう」といったことがテーマだった。ところが、米国による戦争はそうした地道な努力を一瞬にして吹き飛ばしてしまった感がある。

「アメリカに抗議しよう」

フォーラムの分科会では、カナダから来ていた非政府組織（ＮＧＯ）の女性が壇上に出て叫んでいた。参加者たちは夜、京都や大阪で、「ＮＯ　ＷＡＲ　ＯＮ　ＩＲＡＱ（イラクへの戦争反対）」と書いた紙やろうそくを持ち、怒りを表した。

戦争では、米英軍の空爆で電力や水の供給施設が壊された。大勢の住民が水の不足に泣き、やむなく遠くの川まで水くみに通った。汚れた水も生活に使ったと報道された。

二〇〇三年は、水に苦しめられている人々をできるだけなくしてゆこうと、国連が各国に取り組みを求めた「国際淡水年」だった。皮肉なことに、まさにその年、イラクは水の危機に見舞われた。

そして二〇〇四年。

イラク復興に向け、日本からはユーフラテス川下流域のサマワに自衛隊が派遣された。近くには、メソポタミア文明を築いたシュメール王朝の遺跡がある。本来は水の豊かなところだが、ここでも「水がほしい」といった訴えが聞こえてくる。旧フセイン政権の無策や戦争の混乱から、この地方は大河があるにもかかわらず、きれいな水が乏しく、汚れた水を飲んで腹をこわす人が多い。水道がある地域でも、蛇口から水の出ないことが少なくない。

自衛隊の給水活動で当座、助かる市民はいる。だが、旧フセイン政権の責任もさることながら、民衆を苦しい状況に追い込んだのは一体、だれなのか。その点を忘れるわけにはゆかない。ブッシュ大統領が戦争にどんな理屈をつけようと、命の水にどれほど想像力を持っていたか疑問である。

残念なことに、戦争の音にかき消され、世界の水問題は国際社会の大きな関心事になおなっていない。しかし、この地球で起きている水の危機は、傍観していることを許さない段階にきている。

水の世紀とは何か

「石油をめぐって多くの戦争が起きたように、二十一世紀は水をめぐる戦争が起きるだろう」と、世界銀行副総裁だったイスマエル・セラゲルディン氏が世界の水不足について警告を発したのは一九九五年だった。

その後、さすがに大規模な戦争こそ起きていないが、水をめぐる紛争や火種は各地にある。イスラエルとパレスチナ・アラブ側との対立にも、双方の間を流れるヨルダン川の権益争いが絡む。米国からメキシコへ流れるコロラド川、アフリカを南北に貫くナイル川、東南アジア最大のメコン川など、国境を越えて流れる国際河川は上下流の利害調整が容易でない。対策を誤れば、深刻な事態に発展する可能性は十分にある。

「水戦争」という刺激的な発言は一笑できない。むしろ、それほどまでに水が危機的状況になっていると受け止めるべきだ。

島国の日本は国際河川もなく、雨が多く、森林も豊かで、一部地域を除けば、水不足に悩まされることはそうない。蛇口をひねれば水はいつでも出る。水の危機と言われてもぴんとこないが、忘れてならないのは日本は食糧の輸入大国だという点である。穀物一トンを作るのには千トンの水がいる。水稲ならそれ以上である。日本は形を変え、世界の水を輸入していることになる。世界の水危機は他人事ではない。

加えて、川や湖の汚染、頻発する水害は世界と共通する問題である。日本もまた水問題とは無縁ではない。

「地球は青かった」

これは人類初の宇宙飛行士となった旧ソ連のガガーリンが語った有名な言葉だ。高校生のころ、来日した彼を名古屋の演説会場で間近に見て、感動を持って拍手で迎えたことを覚えている。彼は広い宇宙で奇跡的に水が生まれた地球を何と的確に表現したことか。

その「水の惑星」がいま危ない。

二十世紀は「戦争の世紀」だったが、二十一世紀は「水危機の世紀」になりかねない。しかし、危機を見据えて、打つべき手を打つなら、みずみずしい地球を取り戻す「水の世紀」にすることは可能だ。水の世紀を築くことは地球環境を守ることでもある。二〇〇六年にはメキシコで、水問題にどう取り組んでゆくかという決意を新たにする「第四回世界水フォーラム」も開かれる。世紀の初頭にあって、私たちはいま一度、近代文明を問い、暮らしのあり方を見直す必要がある。

新聞記者はよく「足で書け」と言われる。その言葉通り、私はこれまで水問題の現場を歩いてきた。二十世紀から二十一世紀へ、世紀を挟んで、国内はもとより、欧米やアジア、アフリカなどを旅してきた。そこで感じ、思いをめぐらしてきたことは、人は自然や水とどうつき合ってゆけばいいのか、ということだ。世界の水危機を象徴する中国を中心に、近年旅した水の現場を紹介し、読者とともに考えてゆきたい。

I

黄河五千キロの旅

〈関連地図〉

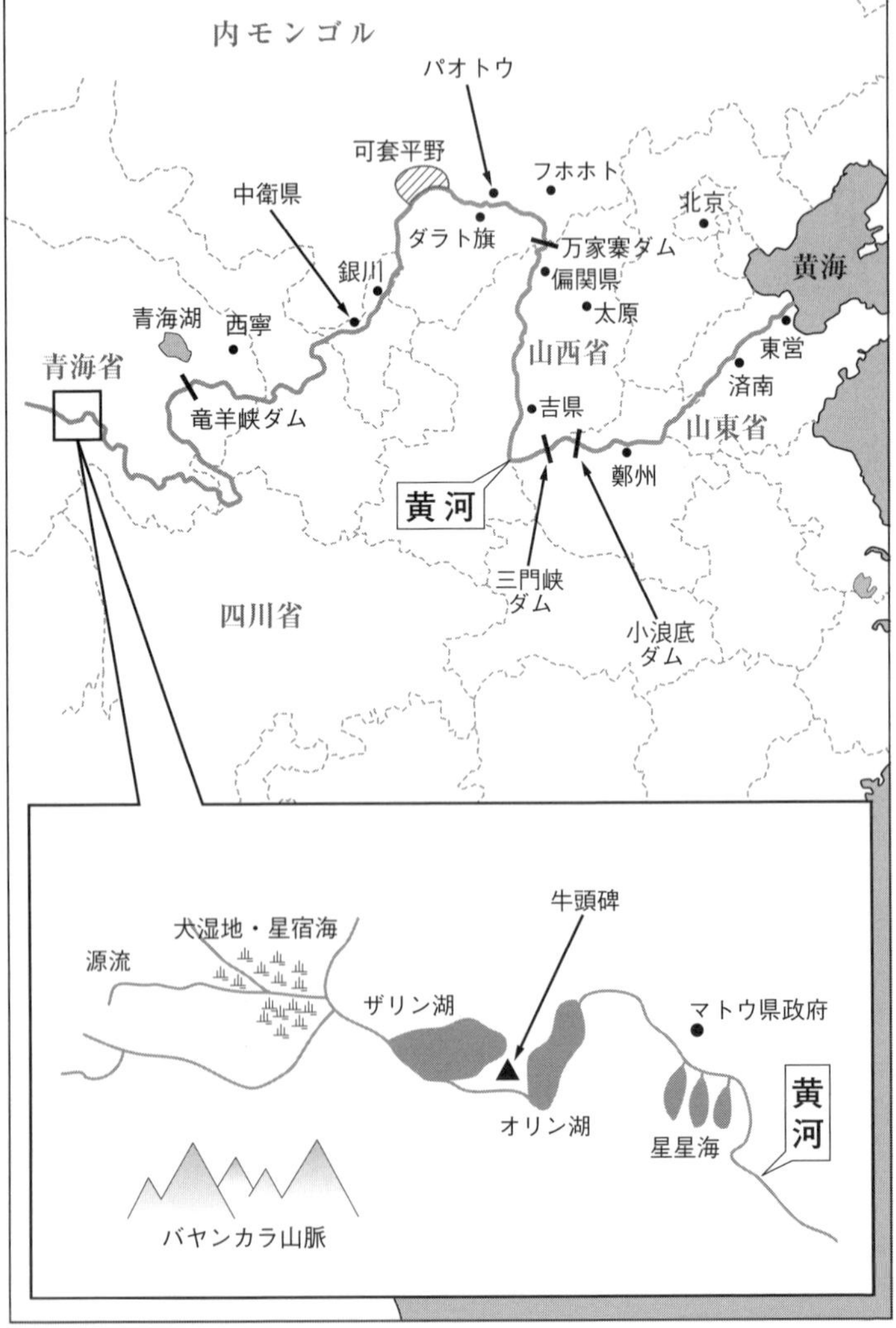
内モンゴル
パオトウ
可套平野
フホホト
中衛県
北京
ダラト旗
万家寨ダム
黄海
銀川
偏関県
太原
青海湖
西寧
山西省
東営
青海省
済南
竜羊峡ダム
吉県
山東省
鄭州
黄河
三門峡
ダム
四川省
小浪底
ダム
牛頭碑
犬湿地・星宿海
源流
ザリン湖
マトウ県政府
黄
河
オリン湖
星星海
バヤンカラ山脈

1　源流――今は昔、千湖のふるさと

野生生物の危機

車の窓越しに子鹿のように見えたそれは、野生の黄色いヒツジだった。遠くに五、六匹が群れていた。ふつうのヒツジよりスマートな体は野生の貴婦人だ。黄河の源流域、中国西方チベット高原の青海省マトウ（瑪多）県。標高四〇〇〇メートルを超す大草原で、副県長の李発吉さん（四八）が叫んだ。

「黄羊だ」

これはチベット高原特有の貴重種だ。いまでは地元の人にとっても珍しい。

「草原が荒廃し、えさ不足で、絶滅の危機にあります」

と李さんは言った。黄羊が踏む草は人の足首ほどの丈しかない。かつては腰近くまで伸びていた。草原に立つと、風に砂塵《さじん》が踊り、口の中がざらついた。

「土地が乾き切っているのです。地球温暖化や相次ぐ干ばつのせいです」

日本の四国より広いマトウ県では、水不足で草原の七割が荒れ果てている。そこを野生動物たちはさまよう。

黄羊のほかに野生のロバ、馬、鹿、ヤギ、高原の牛・ヤクも生存が脅かされている。イタチやキツネなどの小動物、オグロヅル、イヌワシ、ハヤブサも激減している。青海省政府によると、チベット高原には四百二十種のせきつい動物、二千五百種の植物が現存するが、野生生物のうち二割近い種の絶滅が心配されている。

やせるヒツジ

二〇〇一年夏、中国山東省の黄河河口から車や電車、飛行機を乗り継いでマトウ県まで五千二百キロ余り。私は地元の人たちとともに車二台で、さらに上流を目指していた。草原にわだちはあるが、道らしい道はなく、車は激しく揺れ続ける。メモの字も踊る。黄河は左手に遠く離れ、日差しを受けて青い筋を引いていた。

「左手に見えるこの荒れ地ね。これは川だったけれど、枯れてしまった」

同乗してくれた地元、ザリン（扎陵）湖郷の郷長ソナンさん（四五）が指さす。郷は県の下の自治体で、幾つかの村を束ねる。

「右手向こうにも以前は湖があった」

と話を続ける。

左手に水たまりが見えた。

チベット族の牧畜民が積み上げげた祈りの石の後方、乾いた大地の向こうに薄く光るザリン湖。激しい蒸発で水位が下がっている（黄河源流域、中国のマトウ県で）

「地下から水がわいているのです。でも、昔に比べると小さくなってしまった」

すでに枯れた川には、壊れたコンクリートの橋だけが残っていた。

ザリン湖郷の住民が使っている井戸も枯れつつある。

「昔は深さ四メートルから六メートルも掘れば、水が出ました。でも最近は、それでは足りず、十メートル以上も掘っています」

チベット族の牧畜民が時折、ヒツジやヤクを追って通り過ぎる。郷の人口は千三百人余り。その大半が牧畜で暮らす。だが、

「生活は苦しい。えさとなる草が足りないので、放牧する家畜も減らしています」

と、ソナンさんは浅黒い顔を曇らせる。

「ヒツジ一匹を育てるのに、昔は十ムー

（約六十七アール）の草地でよかった。いまは草がやせたので、その三倍の広さがいる」

ムーは広さを表す中国の単位で、一ムーは約六・七アール。ザリン湖郷は草がやせたために、ヒツジの数を減らした。郷には一九八〇年代初頭に十三万匹のヒツジがいた。それが九〇年代には九万にまで減った。新世紀に入ってからは六万足らずだ。それでも家畜は栄養が足りず、かつては三十五キロから四十キロあったヒツジの体重は半分になってしまった。よく育って二十五キロだ。ヒツジより大きいヤクの体重も三割ほど落ちている。

マトウ県全体の傾向も同じである。県内の家畜総数は七〇年代末の六十七万から二十九万と、半分以下になった。一方で、六〇年代に六千人余りだった県の人口は七〇年代以降に増え、一万人以上になった。家畜が少ないのに、人口は多い。その結果、一人の年収は千三百八十五元（約二万円）と、中国では最も貧しい地区になっている。水枯れと草原の退化は人々の暮らしも脅かしている。

高原ネズミは異常繁殖

車を降りると、目の前を黒っぽいものが走り抜けた。

体長十五センチから二十センチ。尾がウサギに似た高原ネズミだ。足元の巣穴は直径十五センチ、深さ三十センチ。一メートル横に一つ、二メートル先にもある。やせた低い草を好み、近年、異常繁殖している。

「草を根こそぎ食い尽くし、あとには何も生えなくなる」

こう言ったのはもう一台の車から降りてきた副県長の李さんだ。

青海省政府がマトウ県より少し下流の達日県で調べたところでは、一ヘクタールの草原に、ネズミの巣穴が千百六十七カ所も開いていた。一匹は三つくらいの巣穴を持つ。省政府は一ヘクタールの中で、三百七十四匹を確認した。この調査から推計すると、マトウ県のネズミは数億匹にもなる。

あちこち巣穴を探しているうちに、少し息切れを感じた。

「背中に二十キロの荷物を持っていると思って歩きなさい」

と李さんから注意された。そうだ。ここは日本の富士山より標高が高いのだ。空気が薄いため、慣れていないと、高山病になる。出発前、高山病に効く漢方薬を飲んできたが、過信は禁物である。

岩の上にタカがいた。一羽が年に二千匹のネズミを捕ると言われるが、ただでさえ繁殖力に差があるうえ、密猟で激減している。やはりネズミを食べるイタチも密猟の被害を受けている。

「外国から密入国して来た連中が捕って密輸しているのです。タカはペットに、イタチは毛皮にするのでしょう」

と李さんは言った。草原の荒廃に密猟が加わって食物連鎖が狂い、それがまた草原を衰えさせている。そんな中で、繁殖力が旺盛なネズミばかりが駆け回る風景は異様だ。

縮むザリン湖、オリン湖

マトウ県の中心から上流へ百キロ。車を三時間走らせ、標高四六〇〇メートル、とんがり帽子の丘に立った。ヤクをかたどった「牛頭碑」という記念碑が立っている。周りのさくには白い布が巻かれ、さくから出た斜面には、賽《さい》の河原のような石積みが幾つもある。チベット仏教を信ずる人々はそうして亡くなった人をまつる。

ソナンさんや李さん、車の運転手たちは経文を書いた紙を天に向かってまいた。

「黄河が枯れないように」

といった祈りが込められている。

私も同じように、もらった経文の紙を風に放った。上流の西のかなたには、ザリン湖が天井の白い雲と共鳴して光っていた。その名はチベット語で白い湖を意味する。日本の琵琶湖より少し小さい。その名のように美しいが、ソナンさんの言葉には力がない。

「水を集める集水域や湖面の水分蒸発が激しくて、水位は八〇年代より三メートルも落ちています」

湖の奥百キロ以上行ったところに、黄河は源を発する。先はもう車では行けない。ヤクに乗るか、歩いて行くしかない。日程が許さないので、先へ進むのはあきらめたが、

「源流の湿地、一滴、一滴も枯れつつある」

と彼は語った。ザリン湖の水は東へはって、もう少し大きいオリン（鄂陵）湖に滑り込む。こちらはチベット語で青い湖を意味する。この湖も同じように水位が下がり続けている。三六〇度、遮るものもない丘から見る二つの湖と周りの草原は雄大だ。だが、それも一皮むけば病に伏している。そんな思いを抱きながら、丘を下りた。

下で、チベット族のスオパオさん（六〇）がテントを張っていた。医師であり、僧でもある。ヤク四十頭を飼い、妻と二人の息子の四人でここに住んでいる。すすめられたバター茶は、ふーふー息を吹きかけてようやく飲むことができた。夏とはいえ、これだけ標高があると、空気は冷たい。お茶の熱さに、彼の素朴な親切心が感じられた。

よくこんな奥地で暮らしていますね。

「ここで生まれたから」

暮らし向きはどうですか。

「どうにか暮らしているが、自然が変わってしまった。草がかつては腰ほどの高さまであ

ったのに、いまは見ての通りです。これでは家畜も野生動物もかわいそうだ」

足元の草は十センチから二十センチの丈しかない。彼は草原の向こうに小さく見えるれんがの家を指さし、話を続けた。

「あそこに家があるでしょ。三十年前に建てた私の家です。目の前に、オリン湖へ注ぐ川が流れていたから建てたのです。でも、川は干上がってしまった」

この辺りでは百人が牧畜で暮らす。さぞ生活は厳しいに違いない。

オリン湖に寄った。冷たくて澄んだ水がのどにしみた。湖岸を歩くと、砂が靴に忍び込む。以前は足元にも水は来ていた。湖は縮むばかりだ。帰り道、幅数十メートルの黄河の川辺で幸運にもまた出合った黄羊は、きゃしゃな足が弱々しく、悲しげに見えた。

水をはぎ取る地球温暖化

マトウ県気象局の易智勇さんによると、水枯れ、草原退化の第一の原因は気候変動にある。深刻なのは気温の上昇による水分の蒸発だ。六〇年代から八〇年代に比べ、年間の蒸発量は一〇〇ミリも増えた。青海省政府によると、省内十二カ所で観測した九〇年代の平均気温は、六〇年代より一度上がった。

「地球温暖化の影響です」

と彼はみる。

県内の雨はもともと少なく、年に三〇〇ミリ。日本の五分の一も降らない。年間では意外に減っていないが、七月から九月にかけ、短期間に集中して降る傾向が強まり、雨水は一気に流れ去って地中にたまらない。水の補給は蒸発に追いつかない。そのうえ、激しい蒸発は降った雨をすぐに奪い取り、大地が過去に蓄えた水の貯金もはぎ取ってしまう。

マトウ県はかつて「千湖のふるさと」と呼ばれた。それほどに沢水、わき水が豊かで、潤いのある地だった。湖は四千七十七もあった。そのうち半数がすでに枯れてない。

県政府に近い湖沼群「星星海」は「星の数ほど湖が集まる大湿地」で、黄河に注ぎ、県のシンボルとなっている。だが、大湿地も集水域が乾き、わき水が減って水位が下がり続けている。六〇年代に比べ、五分の四に縮んでしまった。県政府幹部の護智さん

わずかな草をむさぼる高原の牛・ヤク（中国青海省で）

（五〇）は子どものころを思い出してこう嘆く。

「親を手伝って、湖岸にテントを張り、そこに住みながらヒツジやヤクを放牧したものです。周りは高さが一メートルにもなる草が茂り、花もいっぱい咲き、きれいだった。それがいまはまったく変わってしまった。星星海はなくなる可能性もあります」

星星海を見下ろす丘に出ると、山と山の間を水がはっていた。手前に大きく砂漠のような大地が広がっている。

「これは湖が後退したところです」

と、案内してくれた地元・黒河郷の郷長、バイトさん（三七）はつぶやいた。そこに家畜の姿はない。

「湿り気が失われて、草は育たない。もう放牧はできません」

草原のどこへ行っても、牧畜民たちの嘆きは同じだ。

「川も地下水も枯れた」

「草が伸びない」

退化する草原

ヤクの毛で編んだ黒いテントを訪ねると、チベット族のガガさん（四六）もやはり同じ悩み

ヤクの毛で編んだチベットテントで暮らす遊牧民ガガさんの雄姿
（黄河源流域の中国・マトウ県で）

を語った。

「草がよくないので、ヒツジやヤクの体力が弱り、中には死んでしまう子どもがいる。そのうえ、ただでさえ少ない草をネズミが食べちゃう。オオカミなら猟銃で追い払えるが、ネズミには手を焼く」

ヒツジ九百匹、ヤク百頭を抱える。先祖代々の遊牧民だ。といっても、昔と違い、そうあちこち移動するわけでなく、夏と冬、それぞれに放牧場所を決め、冬はれんが造りの家に住み、夏だけテントで暮らす。テントには太陽電池のパネルがあった。中では電灯もつけば、テレビも見られる。チベット仏教の祭壇もあって、

「毎日、お祈りします」

と明るく語った。

「将来の生活に希望はあるが、すべては天の定めです」

そう言って、帰り際、猟銃を背に馬に乗った雄姿を見せてくれた。こうした人々を「天の定め」と、苦しめていいとは思えない。

草原の荒廃は砂漠化の一種だ。その原因として、家畜を増やし過ぎた「過放牧」で土地が荒れた、とよく指摘される。確かにマトウ県は一時、人口増によって家畜を増やした。影響は県政府も認める。しかし、県の面積は広大だ。それだけの地域が荒れるのは、やはり気象条件によるところが大きい。地球温暖化の影響とみていいのではないか。

県で一番というホテルは、部屋に日本製の古い石炭ストーブがあった。夏でも夜の気温はマイナスになる。庭のトイレに行く時は寒い。日本と同じようにしゃがんで用を足す。低い板が仕切りになっているだけで、隣の顔は丸見えだ。大河の源流域というのに、手を洗うのも洗面器にくみおかれた水を大事に使わなければならない。

夜、体の頑丈な運転手が「頭が痛い。痛くて眠れない」と言い出した。高山病になったのだ。やむなく四日間の滞在予定を、一日繰り上げざるを得なかった。

大河の流量は激減

私は青海省の省都・西寧で運転手を雇ってマトウ県まで来ていた。その間、五百キロ。日本の新幹線なら、東京―新大阪間に相当するが、このルートに高速道路はなく、国道も満足に舗装されていない。舗装路は時速百キロと飛ばしたが、それでもマトウ県まで八時間かかった。

途中で見た草原も各地で荒れていた。西寧から百六十キロの共和県では砂が国道にまではみ出ていた。山は木がなく、がけ崩れの現場にもぶつかった。青海省全体の大地がやせていると思われた。

省政府によると、風雨によって土砂が流される「水土流失」地は三十三万平方キロもある。これは日本の面積の九割近い。風で動く「流動砂丘」などによって砂地と化した面積は十二万平方キロ。草原の退化は七万平方キロで、省内にある草原の五分の一に当たる。これらは重複しているところもあり、一括して砂漠化した土地と言える。その広さは省内の半分以上に達し、急速に拡大している。

これらもまた、地球温暖化の影響を否定できない。高地にあるマトウ県と違って、省全体としては過剰な農業開発や過放牧が一層、土地の力を弱めている。

砂漠化は土地の保水力をなくし、黄河の水不足に拍車をかける。

マトウ県から西寧へ帰る途中、共和県にある竜羊峡ダムに寄った。黄河最上流の巨大ダムで、一九八六年にできた。そのために移住を強いられた住民は三万二千人にもなる。総貯水量は二百四十七億トン。岐阜県に建設されている日本最大という徳山ダム（六億六千万トン）の三十七倍だ。

ところが、ダムが満杯になることはめったにない。発電と治水、利水の多目的で、しょっちゅう水を流している事情もあるが、環境の荒廃と無縁ではない。

ダムにはホテルが併設され、そこに一泊すると、飲みやすさを意味する「一可」と書かれた紙コップの水を出された。

「黄河の水です。水工場で浄化して売り出したところです」

と広報担当者は自慢した。

流域が黄河から受ける恩恵は計り知れないが、西寧の青海省政府を訪ねると、

「黄河全体の水量は激減しています」

と政府幹部は語った。青海省から出てゆく水が減ったことが大きい。この省は黄河の流量の半分を生み出す。マトウ県で見た同じような水枯れは省全体を覆っているのだ。

黄河は全長五千四百六十四キロ。日本最長の信濃川の十五倍、中国では長江（六千三百八十キロ）に次ぐ大河である。支流は七十六本もある。流域の広さは日本列島の面積の二倍で、そこに一億一千万人が暮らす。四大文明の一つを築き、中国では「母なる川」と言われる黄河。それがいま危ない。

◆黄河は「季節川」に

「黄河はやがて、季節川になってしまうかもしれない」

中国気象局の丁一匯教授は黄河の未来をそう心配する。「季節川」とは雨期だけ水の流れる川のことである。私も雨期の前に、各地で川底があらわな風景を何度も見た。黄河ほどの大河がそうなるとはただちに信じられないが、専門家の危機感はそれほどに強い。

各国の科学者でつくる国際組織「気候変動に関する政府間パネル」（ＩＰＣＣ）に加わる研究者だけに、とりわけ地球温暖化の影響を気にかける。彼が青海省や寧夏回族自治区など黄河上流域を含む中国西北地方の気象を調べたところ、半世紀の間に平均気温が〇・九度上がった。乾期の冬場だけで見ると、より上昇が大きい。

これが大地や湖、川から水分を激しく蒸発させ、黄河に流れ込む水を減らしている。一九九〇年から九六年までの黄河の年平均流量は五百十六億トンと、過去の平均流量に比べ、二三％も減少している。

二〇三〇年の西北地方の気温は一九九〇年に比べて、一・一度から一・五度上がる見通しだ。それに伴い、二〇一〇年以降は源流域のチベット高原で氷が解け、一時的に黄河の流量が増える。だが、氷がなくなった後は急激に水が少なくなる。教授は瀕死《ひんし》の未来像を描く。

2 「断流」、その後の母なる川

下流に水はあるが

『地球白書』の編著者で知られる米国のレスター・ブラウン氏が来日した折、講演を聞いた。彼は二十一世紀の水不足についてこう警鐘を鳴らしていた。

「文明を育んできた黄河が毎年のように、下流に水が届かない『断流』現象を見せています」

四大文明の一つを生んだ大河に水がない。その意外性ゆえに、地球の水問題の象徴として黄河に世界の視線が注がれ、「断流」という言葉も広まった。ただ、断流が頻繁にあったのは一九九九年までのことだ。こちらはあまり知られていないが、二〇〇〇年からは下流にも水はある。

下流に位置する河南省政府幹部の王自傑さんから電話をもらった二〇〇四年春も、

「水は少ないけれど、流れています」

と聞いた。

中国政府がさまざまな手だてを講じ、面目をかけて水を流しているのだ。

黄河はよみがえったのか。

私が旅した夏も、水はあった。しかし、それは単に「あった」というだけで、悠久の大河というイメージとはほど遠い。

私は黄河の旅を、北京から山東省の省都・済南へ飛行機で向かったところから始めていた。山東省は河南省の隣にあって、黄河河口を抱える地域である。済南が近くなると、機上からは大地にボールペンで線を引いたような筋が見えた。これが黄河だ。そんな弱々しい川を下流から上流へ、行きつ戻りつしながら、電車や車で上って行った。

済南からは車で下流へ。両側に小麦畑を見ながら高速道路を飛ばして二時間。そこが河口

黄河下流の断流

年	日数	長さ(キロ)
1972	19	310
74	20	316
75	13	278
76	8	166
78	5	104
79	21	278
80	8	104
81	36	662
82	10	278
83	5	104
87	17	216
88	5	150
89	24	277
91	16	131
92	83	303
93	60	278
94	74	380
95	122	683
96	136	579
97	226	704
98	142	449
99	42	278
2000	以後、断流なし	

（黄河水利委員会による）

に近い東営市だ。人口百八十万人。農業や油田の開発で急速に開けたところだ。

街の中心部でまず目に入ったのは高さ三メートルほどの母子像だ。立ち姿の女性が子どもを抱く。台座にはこう刻まれていた。

「黄河は大地の母」

以後、各地で同じような像にお目にかかることになるが、流域の人々にとって、黄河はそれほど大切な「母なる川」なのだ。

黄河に出た。

水は広い河川敷の麦畑をかき分けて、筋を描いていた。堤防と堤防の間の川幅は三キロ余り。だが、実際の水面の幅は百八十五メートルにすぎない。深さは五十八センチ。一秒間に流れる水の量は四十トンで、利根川や木曽川が大渇水になった時と同じくらいの水量だ。歩いて渡れそう。まるで小川だ。

訪ねたところは市内の利津県だった。中国の行政区画は日本と違って、市の中に県がある。利津県には政府の観測所があって、そこで働く正直そうな中年の技術課長、張利さんはこう漏らした。

「ここで十年間、流量の測定を続けていますが、水が少なくて悲しい。四月には毎秒の流量が十一トンという日もありました」

何とまあ、十一トンというのは、ちょっとした農業用水路を流れる水量と同じである。彼はこう続けた。

「それでも、以前に比べればましです。ともかくいまは水が流れていますから」

深刻な断流被害

黄河では、一九七二年から下流にまったく水が流れない断流が始まり、九九年まで毎年のように続いた。わけても深刻だったのは九七年。下流は二百二十六日間も水を失った。断流は一時、七百四キロに及んだ。

山東省は中国有数の農業地帯だ。小麦やトウモロコシ、野菜、果物、落花生、綿花の生産、それに水産業、牧畜業も盛んだ。日本に輸出するネギの有力な生産地でもある。それは日本の生産者を圧迫すると、貿易摩擦の種にもなった。こうした農業経済はすべて水があって成り立つ。それだけに、断流による被害は甚大だ。

省政府によると、九七年の断流では、潅漑《かんがい》できなかった省内の農地が二千三百万ムー（約百五十三万ヘクタール）もあった。日本の全耕地面積の三分の一に当たる広大なものだ。それによる食糧の減産は五十億キログラム、経済的な損失は七十億元（約一千五十億円）に達した。度重なる断流による被害は累計で、農地を潅漑できなかった面積が九千三百万ムー

（約六百二十万ヘクタール）、減産が百四十八億キロだった。経済損失は百八十億元（約二千七百億円）だ。

山東省の隣、上流の河南省でも断流による被害が出ており、省政府によれば、九七年の断流では農業関係で二十億元（約三百億円）の損失があった。

農民は水不足を嘆く

下流から河口にかけては広大な油田地帯でもある。規模は中国指折りで、「勝利油田」と言う。石油のくみ上げなどを担うのは中国石化集団公司の勝利石油管理局。働く従業員は一十万人というから、特大の企業だ。その会社が使う水もまた膨大な量になる。

大きな鳥がくちばしを土に刺している。そう見えるのが石油のくみ上げ井戸だ。こんな鳥型の井戸が一万カ所以上もある。井戸の仕組みはこうだ。別の穴から水を入れると、その水圧で石油が井戸に上がってくる。それを鳥のくちばしで吸い上げるのだ。

「だから、理論的には水と油の量は同じ。生産量を増やせば増やすほど水はいるし、水がなければ減産するしかない。ふつうは一日に六十五万トンの水を使っています」

会社幹部の何富栄さんは解説する。彼が言う水使用量は、私たちが使う水道だと、百万人分を賄うことができる量に当たる。

小麦畑が広がる河川敷の向こうに細く流れる黄河（中国山東省の利津県で）

断流の時は、

「中央政府の援助がなければ、水不足で倒産しただろう」

と彼は振り返る。

政府は会社のために上流のダムから特別に水を流した。「油田重視」が政府の政策だそうで、会社はどうにか操業を続けた。

しかし、一方で各家庭は断水を強いられ、農業は断流の影響をもろに受けた。そして農民はなお、水不足をかこつ。断流が解消された後も、母なる川が病んでいることに変わりない。

堤防を歩くと、河川敷に小麦畑が広がっていた。農民の劉桂元さん（五二）はあきらめたように語った。

「水が足りない。雨を待っている」

子どものころは、この小麦畑が本流の水によくつかった。

「つかるのは困るけれど、これほど水がないと、昔が懐かしい」

下流の一帯は昔、海だった。黄河の流してくる土砂がたまり、陸地が次第に伸びていった。そんな土地なので、いまでも地下には塩分が多い。それが田畑に噴き出れば、作物は十分に育たない。塩は水で洗い流すのだが、その水が足りない。

「塩には困っています」

と嘆いた。

近くの大豆畑で草をむしっていた女性、馮月さん（五二）も、悩みは同じだ。

「水が少ないので、塩を洗えない」

塩害地は下流域のあちこちで見られる。

レストランで、黄河名物の「刀魚」を食べた。肉がほろっと軟らかい。この刀魚も断流が続いたころは姿を消していた。

黄河の河口は東営市の中心から下流へ百十キロ行ったところにある。河口から上流へ七十キロは堤防もないデルタ（三角州）だ。黄河は大量の土砂を上流から運んでくる。それが下流にたまって、デルタは海側へ張り出してゆく。

「年に二十三ムー（約一・五ヘクタール）ずつ海へ広がっています」

案内してくれた市宣伝部の劉樹波さんはそう語る。デルタは広大な湿地帯で、一部は自然保護区になっている。二百九十六種の野鳥が飛来する。渡り鳥のシギやチドリも多く来る。ところどころ、水たまりがある。近くではヒツジが放牧されていた。

川の本流にぶつかった。利津観測所で見た風景とはまるで異なり、水面は幅数キロにも広がっていた。しかし、ここで川の水が一気に増えたわけではない。水は海から川の上流へ向かっていた。この大量の水は大半が海水なのである。「小心黄河」と書かれた看板があった。黄河に落ちないよう注意せよ、といった警告だ。もう前には進めない。

過剰開発のつけ

黄河はもともと、川が長い割に水量が少ない。流域に雨があまり降らないからだ。中国科学院の劉昌明教授によると、年間雨量は平均四六〇ミリと、日本の三分の一もない。川を管理する中央政府の黄河水利委員会の資料によれば、流量は南部の多雨地帯を流れる中国最長の川、長江の十七分の一だ。

それなのに、上流から順に水を争って奪えば、下流が枯れるのは当然だ。

黄河水利委員会によると、流域の潅漑面積は新中国建国時の一九四九年に千二百万ムー

（約八十万ヘクタール）だったのが、半世紀で一億千三百万ムー（約七百五十万ヘクタール）と九倍以上に膨れ上がった。流域の人口が一億人を超すほどに増え、食糧増産が急務だったとはいえ、農業開発は黄河の水を奪うように引いた。都市開発による工業・生活用水の需要も増えた。

このため、流域の年間取水量は四九年に七十億トンだったのが、九〇年代には三百億トンに急増した。これに地球温暖化の影響が拍車をかけて、黄河はやせ衰えていった。

開発に走り、水をいかに使うかという面ばかりに目が向き、水を養い、大切にする努力をおろそかにしてきた。そうした営みの「つけ」といえる。

危機感の節水

危機感が高まって、中国は動き出した。

利津観測所から下流へ二十五キロ。北嶺村を訪ねた。三百人余りが主に野菜を栽培して暮らしている。そのうちの一人、丘義良さん（三八）宅の台所には、大きなかめいっぱいに飲み水が蓄えられていた。

「みんなが水を節約するように、水道は毎日朝六時からの一時間しか出ません。そのときに水をためておき、大事に使うのです」

口に含むと、じゃりっと、音を感じた。泥の多い黄河の水だった。給水制限は断流が目立つようになった九〇年代に始まり、ずっと続けられている。

彼は九九年から、野菜畑に水をビニールパイプで引いている。それまでの土掘りの水路に比べ、蒸発や浸透を防ぐことができる。中央政府が資金を出して勧めている方法だ。

「黄河の水だけが頼りです。大事に使わなければ、と考えるようになりました。以前は随分と水を無駄遣いしていました」

ホウレンソウやトマト、ナスなど二十種類以上の野菜を作っている。ホウレンソウは日本に輸出できるので、利益が大きい。断流のころは雨を頼みにするだけしか水を確保できず、苦しかったが、

「いまはまあ、順調です」

と丘さんの顔は明るかった。

東営市によると、パイプ潅漑は九七年から始まり、市内の農地二百六十万ムー（約十七万ヘクタール）のうち、十万ムー（約七千ヘクタール）に広がった。この方式は流域各地で採用されている。

従来はただ同然だった水の使用料金は、流域各地で軒並み上がっている。農民が払う農業用水の代金は東営市の場合、二〇〇〇年に取水量一トンにつき、〇・〇二五元（約〇・四円）

から〇・〇六元（約〇・九円）と倍になった。やはり水一トン当たりで、生活用水は〇・〇五元から〇・一元へ、工業用水も〇・〇六元から〇・一五元へと、倍ないしそれ以上に上がった。

「水代が高くなったので、もう水は無駄に使えない」

と、あちこちで農民から聞いた。農民には負担だが、節水効果はあろう。

水を一元管理に

断流の防止に最も効果があったのは、一九九九年に黄河の水管理の仕組みが劇的に変わったことである。

不思議なことに、それまでは各省・自治区の権限が強く、上流は下流のことをそれほど考慮せず、必要なだけ水を取った、いわば早い者勝ちだったため、下流に来ると水はなくなった。そんなことが起きた。中央政府がそれを改めて、黄河水利委員会に管理を一元化した。委員会は川の流量を観測しながら、各省・自治区に水を配分する。

黄河水利委員会は山東省の隣、河南省の省都・鄭州にある。二十階建てのビルに本拠を構え、職員四万人を擁する。

「水の調整はうまくいっています」

ビルの一室にずらりと並んで応対してくれた幹部たちはそう口をそろえた。

実際、のちに訪ねたはるか上流の寧夏回族自治区では次のような光景を目にした。

その地は十一世紀に西夏王国が興り、一時期、独自の文化を築いたことで知られるが、古くは秦の始皇帝のころから、潅漑農業が営まれているところでもある。

「天下の黄河は寧夏を富ます」

漢の時代から使われてきた取水口には、黄河の恵みを受けてきた誇りが記されている。とうとうとした流れが用水路ではねた。

黄河年間水配分計画（単位：億トン）

前提の黄河年流量	580.0
年消費量の総計	370.0
青海省	14.1
四川省	0.4
甘粛省	30.4
寧夏回族自治区	40.0
内モンゴル自治区	58.6
陝西省	38.0
山西省	43.1
河南省	55.4
山東省	70.0
流域外（河北省・天津など）	20.0

（黄河水利委員会による）


「これでも水量は、かつての四分の三に絞っています。いまでは下流に水を送ることは至上命令だからです」

管理担当者は言った。

断流の時、下流からは「上流が水を使い過ぎる」といった不満が出ていたが、もう水の過剰利用は許されない。

黄河水利委員会の水管理計画では、黄河の年間流量を五百八十億トンと予測し、そのうち三百七十億トンを各地域で分けて消費することにしている。雨不足で川の流量が減る時は配分を減らす。例えば、二〇〇一年は川の水が少なかったため、全体の消費量を計画の七割、二百六十億トンに抑えた。

こうした制度をつくって節水することは望ましいが、前提となっている年間流量の予測は過大ではないか。そんな疑問を持つと、水利委員会の幹部らはその点を否定せず、

「実際は、例えば九六年の場合でも流量は四百億トンしかなかった」

と述べた。黄河の年間流量の計画にはたぶんに期待もあるのだろう。とはいえ、こうした管理、節水が断流防止に大きく寄与していることは確かだ。

「今後、もし断流があるとすれば、ダムの水がなくなるほどに黄河の流量そのものが減った時でしょう」

幹部らはそう自信を見せたうえで、

「だからもっとダムが必要です」

と強調した。

悠久の黄河はどこへ

政府は節水を進める一方、水の供給を増やすことも大事だと考えている。最近、省内にけ

小浪底ダム、上流の山西省には万家寨《ばんかさい》ダムを相次いで造った。ダム湖の容量は、岐阜県で建設中の貯水量日本一の徳山ダムに比べ、それぞれ十九・二倍、一・四倍という巨大なものである。これが断流の防止に役立ったことは間違いない。

しかし、小浪底ダムのために二十万人、万家寨ダムの建設で五千人が移住させられたと聞くと、釈然としない。

黄河本流のダムは十二。将来はそれを三倍に増やす計画である。それでも水不足は補えず、水量の多い南の長江と三本の水路でつなぐ「南水北調」という壮大な事業も始まっている。悠久の黄河はどうなってしまうのだろうか。人工の水路と化してしまうのか。他国のことながら気がかりだ。

3　土砂で埋まる「暴れ川」

八十九万人が犠牲に

黄河の下流を歩くと、どこも見上げるほど高い堤防が築かれている。大洪水に備えるためである。目の前の貧弱な流れを見ると、ちょっと信じられないような気もするが、黄河はかって「暴れ川」と恐れられていた。幸いここ半世紀、大きな水害はない。しかし、油断はできない。

日本人との関係で忘れられない水害は日中戦争当時の一九三八年、日本軍に追われた蒋介石率いる国民党軍が自ら堤防を切って逃げた「花園口事件」である。

私は済南から列車で河南省の省都・鄭州に来ていた。黄河を河口から七百キロ余り上ったところにある。花園口は鄭州中心のホテルから北へ二十キロ。そこで会った事件の生き証人、農民・王小来さん(七三)は少年時代をこう振り返った。

「水が出たぞー、と急いで堤防に駆け上がった。辺り一面が泥の海になってしまい、百以上の村が全部、水没した。私の村は比較的亡くなった人が少なかったが、それでも大勢が水に流されたり、その後、水や食べ物がなくて苦しんだりした。不潔な水を飲んだり、食べ物を食べたりして胃炎や肺炎にかかり、病気で死んだ人も少なくなかった。親類も亡くなりました」

水はなかなか引かず、王さんは父母や兄とともに堤防に穴を掘って住居とし、その中で八年間を過ごした。河川敷で大豆やコーリャン、ジャガイモを作り、飢えをしのいだ。

国民党を恨んでますか。

「いや、悪いのは日本軍です。日本の侵略がなければ、堤防が切られることはなかった。

日本軍は水に行く手を阻まれたが、残っていた家に火をつけて燃やしていった」

話を聞くのはつらい。戦後は、生き残った村人が総出で堤防造りに力を入れた。いまは舟を持ち、魚の養殖業を営み、妻子とともに暮らす。握手をした手のひらは硬い。そこに彼の苦難の半生を感じた。

鄭州にある政府の黄河博物館によれば、花園口事件では五万四千平方キロが水につかった。日本の九州の面積より広く、とてつもない規模の水害である。被災者は千二百五十万人、水害後に病気で亡くなった人も含め、犠牲者は八十九万人にもなる。

「黄河はその時に流れを変えてしまった。水没地はその後、ひどい塩害に悩まされ、穀物は一ムー（約七アール）で六十キログラムも収穫できなかった」

そう語るのは、黄河から農民十万人が共同で水を引く「花園口灌漑区」という組織の幹部、陰建懐さんである。この地方の塩害は、農地が水につかって地下水位が上昇すると、地下から塩が噴き出して起きる。中国では現在、優良な農地なら一ムーで一千キロほどの収穫があるので、水害後の減収がどれほど大きかったかがうかがえる。

天井川の不安

堤防から川を見る。対岸の堤防はかすんでいた。河川敷にはバンガローもある。この辺りの川幅は広く、十キロもある。水はその中央を浅く流れていた。

「深いところで五メートル、浅いところで三メートルでしょう。低流量、低流速、高水位が黄河の特徴です」

と彼は語った。

この場合の「高水位」とは、水深が浅くても水面の高さが平地より高いことを指す。上流から大量に運ばれる土砂で川底が年々上がっているために起きる。そうした水面が平地より高い川を「天井川」と言うが、それはいったん堤防が切れると、頭の上から水が落ちてくる格好になり、甚大な被害を招く。最近は堤防の決壊がないとはいえ、洪水は渇水とともに流域の人々の不安の種なのだ。

実際、ふだんは水のない黄河も時に牙をむく。黄河博物館によると、一九五八年には花園口で毎秒二万二千三百トンという治水の限界近い大洪水が流れ、沿岸の農民ら二百万人が防災活動に出た。洪水とともに上流から運ばれた土砂で下流の川底が上がった。その後も土砂堆積《たいせき》が続き、一時は、黄河に注ぐ渭河《いが》へ水が逆流し、流域にある陝西省の古都・西安が洪水の危険にさらされたこともある。かつては長安の名で知られ、秦の始皇帝の陵墓を守る「兵《へ》馬俑《ばよう》」など、数々の遺跡で日本人観光客を引きつけているところである。

黄河は一九四九年の新中国建国前だと、二千五百年間に千五百九十回も決壊した。その結果、水の流れる「河道」は二十六回も変わった。堤防は三年に二回切れ、河道は百年に一回変わった勘定である。

土砂の悩み

治水上、最も大きな悩みは上流からもたらされる土砂と言っていい。そもそも黄河は土砂が多いゆえに黄色い川と呼ばれる。世界でも有数の土砂の多い川なのだ。その土砂量は過去、年平均で十六億トンにのぼる。

「高さ一メートル、幅一メートルの堤防をその土砂で築けば、地球の赤道を二十七周する量です。十六億トンのうち四億トンは海に出るけれど、十二億トンは下流や河口のデルタにたまります。ひとたび堤防が切れれば、土砂も平地にあふれます。一九三三年の決壊では、水が引いた後、建物の三分の二が土砂で埋まっていました」

博物館の担当者はこう語った。

鄭州のホテルに近い観光地「黄河遊覧区」で、河川敷を歩いた。上流から運ばれた泥が幾層にも積み重なり、靴が土でまみれる。端に立つと、足元一メートルの下を水が流れ、土を削り取る。しゅんせつ船が川底をさらっていたが、案内してくれた河南テレビのカメラマン李寧さん(三四)は、

「取っても取っても追いつかない」

とつぶやいた。水をすくって口に含むと、土が舌に残った。

黄河水利委員会によると、こうした土砂のため、川底は過去、年に八センチから十二センチほど上がった。その結果、川底はところによって人家のある平地より四、五メートルも高い。堤防は新中国建国後、三回もかさ上げされ、三、四メートルも高くなった。現在の堤防はおおむね、平地より七メートルから十メートルも高い。

日本の川も天井川が少なくないが、世界でも黄河は、天井川の代表格だろう。堤防が切れれば、頭の上から滝のように水が押し寄せる。堤防から坂道を下りながら、そんな想像をめぐらせて一瞬、身が縮まった。

土砂はまた、農業にも影響を与える。黄河の左岸、鄭州の中心部から言えば川を挟んだ対岸に当たるところにある広大な農業地帯「人民勝利渠《きょ》灌区」を訪ねると、あちこちの水路に土がたまっていた。

水路延長は千六百キロ。黄河から水を引く水門には「水利是農業的命脈」と書かれている。新中国の共産党主席・毛沢東が筆を取ったものだ。黄河からの水こそ農業を発展させる命綱だ。そんな思いが込められている。しかし、水を導く水路が土砂で埋まれば、効果は半減する。

「土砂は半年で、水路の底を十センチも上げてしまう。だから土砂の掃除は欠かせない。

土砂が多いと、水路の下流部分はとくに水が行き渡らない」

と幾人かの農民は漏らした。

もともと土砂の多いのが黄河の特徴とはいえ、それにしても下流の土砂堆積は深刻である。一因は上流の荒廃にある。

「黄河流域の森林被覆率は五パーセント程度にすぎません」

黄河博物館ではそう聞いた。

各省・自治区政府に聞くと、流域の森林被覆率はもう少し高いので、この数字はやや厳しく評価したものと思われる。国家環境保護総局が二〇〇三年に公表した『中国環境状況公報』二〇〇二年版には、中国全体の森林被覆率は一六・六パーセントとある。国全体の緑も乏しい。緑のない乾いた大地は風や雨にもろい。雨はそう降らないが、いったん降ると土を削り取り、黄河に流し込む。強風もまた土をはぎ取る。中国ではそうした荒廃地を「水土流失地」と言うが、その広さは黄河流域で四十五万平方キロ。日本列島全体より広い。

ダム湖は半分に

鄭州から上流を目指す。三百キロ近く車を走らせて着いたところは三門峡だ。河南省の西方に位置し、水土流失が激しい黄土高原の南端に当たる。途中、山のてっぺんまで耕作地が広がる段々畑を随分見た。斜面をそのまま小麦畑にしているところも目立った。道路際のがけは赤茶けた肌を露出し、いまにも崩れそうである。

「水が足りない」

出会った農民たちは口々に言った。乾燥し切った土地には、農民たちが植えた潅木《かんぼく》が畑のすきを縫って必死に足を踏ん張っていた。この程度の緑では風雨から表土を守るのは容易ではない。私はこの先、上流でこんな風景を延々と見続けることになる。三門峡はその出発点だ。

この地にある三門峡ダムは、水土流失によってもたらされた大量の土砂を抱えていることで知られる。

「本来は六十億トンの貯水容量があるのですが、半分は土砂で埋まってしまった」

三門峡市の幹部は語る。

ダムは発電や治水を目的に一九六〇年にできた。だが、六四年には早くも大量の土砂がたまって、発電に支障が出た。その後、土砂を下流に流し、施設も改修したが、土砂の流入はなお激しい。設計時は出力百十六万キロワットだった発電能力は半分以下にまで落ちてしまった。

「旧ソ連の設計で、こうした土砂を考慮に入れてなかったのです」

と市幹部はつぶやく。

ダム現場で働く楽金荀さん(五一)は、ダム湖を見ながらこう言った。

「ダムができる前は、ここで泳いだ。魚が多かった。黄河名物の刀魚も上って来た。黄色い川だった。それがいまはどうですか。汚れた土砂のために緑色になり、さらに黒く変わって油のようです。辺りの水質はかつて、一類だった。それが三類にまで悪化した」

中国では水質を六段階で分類する。最上は一類で、以下二類、三類までは上水道に使うことができる。四類は農・工業用、五類は農業用だけだ。「超五類」は農業にも利用できない汚染水だ。『中国環境状況公報』二〇〇二年版によれば、水の乏しい黄河は汚濁物質を薄める力が弱く、水量の多い南の長江に比べて汚れている。支流を含めた黄河水系は、百八十五カ所の観測点のうち四九・七パーセントが超五類の水質だ。最上の一類は四・九パーセントにすぎない。

こうして見ると、楽さんの言う三類ならまだましだ。とはいえ、少年時代から四十年にわたって川を見てきた彼にとっては、水質悪化はやり切れないのだろう。

このダム建設では、二十万人が家屋や畑を水の底に沈められ、中国西方の新疆《しんきょう》ウイグル自治区などに移住させられた。ふるさとを追われた人々にとっては、おそらくもっと切ない思いであるに違いない。

「土砂が一番の問題です」

と楽さんは語った。

前に触れた黄河の支流・渭河の逆流で西安が洪水の危機に陥ったことも、このダムが大量の土砂をせき止め、本流の川底を上げたことが一つの原因である。治水のためのダムが洪水を誘発するのでは何のために造ったか分からない。近代技術を過信したつけを、このダムはなお払い続けているように思う。

巨大な「砂防ダム」

前に述べた断流防止に効果があったという小浪底ダムは、この三門峡から下流へ百三十キロほど戻ったところにある。総貯水量は百二十六・五億トン。日本のダムとは比べられないほど巨大なものだ。治水、利水、発電を目的に、一九九九年から貯水を始めた。世界銀行から借りた十一億九百万ドル（約千二百億円）を含め、三百四十七億元（約五千二百億円）をかけて造られた。

建設で使われた土や石の量は五千百八十五万立方メートル。

「世界でも有数のロックフィル（土盛り）ダムです。この土で高さ、幅各一メートルの堤防を築くなら、地球を一周以上する」

と案内係は誇らしげだった。

発電能力は出力百八十万キロワット。これは原子力発電所二基分に当たる。ダムの水を使って潅漑する農地は四千万ムー（約二百六十七万ヘクタール）。これは日本の全畑地面積より広い。さらに自慢は続く。

「ダムの洪水調節で、これからは千年に一度という大洪水が来ても大丈夫です」

特徴は三門峡ダムの教訓を生かし、総貯水量のうち何と六割は土砂で埋まることを前提に造られていることだ。

「二十年間で埋まるでしょう。代わりに下流の川底に土砂がたまることを防ぐことができます。その間に上流で植林を進め、水土流失そのものを減らす努力をします」

これは巨大な「砂防ダム」とも言える。ダムが埋まったらどうするのか。

「排出口が設けてあるので、二十年後に土砂を下流に出すので大丈夫です」

日本の北陸では、黒部川の出し平ダムに堆積した土砂を流した結果、下流や富山湾を汚した。小浪底ダムの場合は最初から土砂排出計画を持っているので、もっと慎重に排出するだろうが、心配は残る。

ダムの紹介書には、中国の指導者・江沢民氏が視察した時の写真が大きく載っている。湖岸には土産物を売る露店が二十ほど並び、見学の人々はダムを背に記念写真を撮っていた。南方四十キロには古都・洛陽がある。そんな地の利もダム観光を誘っている。

洛陽は昔、遣隋使や遣唐使が日本から送られた地だ。中国三大石窟《せっくつ》寺院の一つ、龍門石窟でも有名だ。

そびえる仏像を見上げながら、ふと思う。この国ではなおダムが近代化のシンボルなのだろうと。ダムの是非はともあれ、二十万人にも及ぶ水没住民の協力に報いるには、これからダムをどのように役立て、環境をどう守ってゆくか、政府の力量が試される。

次の目的地は、水土流失の著しい上流の黄土高原だ。広さは日本の総面積の一・五倍。そのど真ん中へ向かった。

4 耕して天に至る、黄土高原

柴金山村の王占さん

つかんだ畑の土は指の間からサラサラと滑り落ちた。砂が舞い、思わずせき込んだ。

ここは柴金山村の王占さん（五三）が耕すジャガイモ畑だ。雨は年に三〇〇ミリ。乾いた土は風に乗って「黄砂」となり、時に日本までたどりつく。畑を少し上って標高一四〇〇メートルの丘に立つと、西方の谷底を黄河が流れる。対岸は内モンゴル自治区である。村のある

斜面も耕作地になっている黄土高原。段々畑は水土流失を防ぐ工夫だ（中国山西省の偏関県で）

山西省偏関県は黄土高原の辺境に位置していた。

三六〇度の視界に入った高原は、山のてっぺんも斜面もすべて畑ばかり。徹底的に農業開発されていた。

「雨がほしい」

とつぶやいた。

畑の端には井戸がある。と言っても、地下水をくみ上げるものではない。くみ上げ井戸は三百メートルも掘らなければならず、そんな資力はない。畑の井戸は雨をためるものである。井戸に向かって坂に何本も溝が掘られている。溝伝いに雨水が集まる仕組みだ。深さ二十メートル。こんな井戸を三つ持つ。中をのぞくと、底に水がよどんでいた。

目の前には黄河がある。だが、標高が一〇

○○メートルを超す高原にポンプで水を引き上げるのは大事業だ。貧しい県や村、農民の力では望むべくもない。県内には雨水貯水の井戸が約二万あるが、底をつくこともある。王さんはどうしても水が足りない時は、黄河に注ぐ県内の小川、偏関川へトラクターで行く。でこぼこの坂道を下って十五キロの道のりだ。彼が雨を待つ思いはよく分かる。

雨はしかし、恵みばかりとならないところがやっかいだ。この辺りは夏にどっと降り、土を溶岩流のように崩す。

「畑の表土を雨に流されたことがあります。二年間、アワができなかった」

思いは複雑だ。収穫が少ない時は土木作業で生計を補っている。

もう一つの畑は少し離れた斜面にある。以前は斜面そのままを畑にしていたが、県の応援を受け、一九九四年に段々畑に変えた。そちらではアワやジャガイモのほか、トウモロコシを作っている。

「斜面のままだと、土が流されやすい。段々畑にして、随分よくなった」

と彼は語る。

妻、息子夫婦二組、孫三人の大家族で棟を並べた「ヤオトン」に暮らしている。厚い黄土層をうがち、前にれんがや土を張り出して造る独特な洞窟住居である。県内の多くはこんな住まいだ。中はきれいで、次男・王永凱さん(二七)宅のベッドわきには、日本の和服を着た彼の写真が飾られていた。

「結婚式で写真屋に行ったら、これを着て撮ろうと言われた」

流行しているようでもないので、写真屋がおそらく日本通なのだろう。

全員で十八ムー（約一・二ヘクタール）を耕す。ほかにヒツジ十二匹を飼う。主食はアワと米をまぜて食べる。この県は中国でも最も貧しい地区の一つだ。一人が年に数万円も稼げば多い方である。

過剰な耕作と放牧

私は黄河下流域の河南省鄭州から夜行列車で北方にある山西省の省都・太原に入り、車を丸一日走らせ、北西約三百キロの省境に来ていた。途中見た風景も地肌をむき出し、わずかな草木が荒涼たる大地を暖めていた。

標高一〇〇〇メートル前後の高原は平らなところもあれば、山もある。土石流が削った谷も見える。何度も枯れた川を渡った。山に植えられた潅木《かんぼく》は魚のうろこのように斜面にへばりつく。そんな「魚の腹」にヤギやヒツジが食いついていた。

着いた偏関県はいにしえより軍事上の要所として知られ、黄河に張り出したがけにはのろし台の遺跡も残る。副県長の王金録さん（四九）によると、乾燥地の厳しい自然条件のうえに、過去に何度か、戦争の戦略拠点として多数の兵士が駐屯し、しばしば燃料などのために樹木を伐採した。抗日戦争や内戦では、兵士の食べ物を確保するため、木を切って開墾を進めた。

これに、一九四九年の新中国建国後の人口増が拍車をかけた。人口は半世紀前は四万五千人ほどだったが、十一万人と増えた。食べるために山を開墾した。家畜も増やした。ヒツジは八〇年代に二十万匹だったが、二十一世紀に入ると、三十六万匹にもなった。土地はそうして酷使され、劣化した。草木の乏しい土地は風や雨にもろい。収穫が悪く、貧しい。その貧困が一層、過剰な耕作や放牧を誘発する。さらに土地はやせる。悪循環だ。

大阪府より少し小さい県土のうち、風雨で土砂が崩れやすい水土流失地は八割を超す。県政府はそれを半減させる目標を掲げる。私が訪ねた時は、県が中央政府や世界銀行の援助で流失地をなくす努力をしているさなかだった。二百人の柴金山村民も協力した。王さんの段々畑もそうして生まれた。荒れ地に草や木も植えている。

異例の「退耕還林」

緑化の柱は、中央政府が中国全土で進めている「退耕還林」だ。畑を林に戻すという異例の政策である。全体に開発志向の強い中国だが、大地の荒廃はさすがに見過ごせなくなったということだ。山西省政府によると、緑が少ないために土地がもろい水土流失地は省内の場合、七割近い。急傾斜地の畑はとくに崩れやすいが、傾斜度一〇度以上の急傾斜畑は畑全体の五分の一を占める。退耕還林はそうしたところを中心に進められている。

農民が畑一ムー（約七アール）を林に戻すと、八年間にわたり、年百キログラムの食糧が政府からもらえる。子どもの教育費として年二十元（約三百円）も支給される。最初の年は苗木を買う資金として五十元（約七百五十円）も受け取ることができる。同時に、畑とは別の砂漠化した荒れ地の植林も義務づけられている。緑化は草を植え、まず土づくりから始める。そのうえで潅木やマツ、ポプラ、カシワなどの木を植える。モモやリンゴ、クルミなど、実を売って生計の足しにできる経済林を植えることも推奨されている。省政府は二〇一〇年までに傾斜地にある畑のうち半分を林に変える計画だ。

荒れ地の緑化も進み、森林被覆率

やせた土地でもヒツジが放牧されている黄土高原。後方の山も緑は貧弱だ（中国山西省の偏関県で）

は一九八〇年代の一二パーセントから二〇パーセントになった。とはいえ、そうした数字は低い潅木や植えたばかりの木も含めてのもので、黄土高原の実際の風景は、日本ならはげ山と言った方がふさわしいところが目立つ。

「偏関県の森林被覆率は三六パーセント」

と、副県長の王さんは言うが、それも県内を歩いて見た実感とはほど遠い。実際、王さんは、

「森林と言っても小さな木が多く、それに植林の成功率も高くない」

と現実は直視している。

柴金山村のはずれで数十匹のヒツジが放牧されている光景に出合った。急斜面を平気で下りてゆく。ゆっくりだが、ほとんどない草を食べ尽くすように口を動かし続ける。

「水も草もなくて困っている」

中年の羊飼いは言うが、これだけやせた土地をヒツジが歩くのでは、容易に草木は育たないと感じた。辺りはほこりっぽく、せきが止まらない。放牧地を規制し、緑化も進めているが、村の九割はなお水土流失地だ。

勢い弱める壷口瀑布

柴金山村の丘から見た黄河は深い谷をえぐって細く流れていた。

「以前はもっと黄色かったが、いまは水が青くなった」

隣に立つ副県長の王さんは漏らす。上流にダムができ、それが土砂を止めているために色が変わったと言うのだ。ダムは最近できた万家寨ダムである。山腹に張りついて軒を並べるヤオトンを眺めながら、三十キロ離れたダムへ向かった。

万家寨ダムは総貯水量が九億トン。日本最大の徳山ダムより大きい。一九九八年から発電を始めた。最近、山西省の省都・太原へ水を送り出した。給水管の長さは三百キロ。太原から偏関に来る途中、給水管のわきに「百年大計画」と書かれた看板を見た。やがては省の北にある大都市・大同にも水が送られる計画である。

太原は人口約三百万人。黄河の支流・扮河《ふんが》が街を流れる。しかし、偏関に来る前に見たその川は水量が乏しく、ところによってはほとんど流れさえなかった。山西省政府によると、流域の雨量は年に四五〇ミリ程度。森林も乏しく、もともと水が豊かではない。そこで大量の農業用水を取れば、川が枯れるのは当然だ。おまけに工場や家庭からの排水で水質も悪い。扮河へ注ぐ支流の一つを見ると、川底の岩や石にはべったりと黒い油のようなごみがくっついていた。

勢い、農・工業用水も生活用水も地下水に頼りがちである。膨大なくみ上げにより、地下水位は九〇年代初めに比べ、一メートルから五メートルも下がった。地盤沈下も起きている。

地下水の過剰なくみ上げは大同も同様だ。ダムはそんな都市の水不足を解決するのが狙いである。確かに地下水の過剰くみ上げはやめなければならない。だが、その対策でまた黄河の負担は大きくなった。影響は住民五千人がダムにより家や農地を失ったばかりではない。ダムは川の様相も変えたのだ。

ここから下流へ四百キロ以上行くと、名所として知られる壺口瀑布《つぼぐちばくふ》がある。地図では、ダムと瀑布を結ぶ南北の黄河を三角形の底辺にすると、太原は東の頂点に位置する。私はダムに来る前、太原から瀑布を訪ねていた。

幅四十メートル、高さ五十メートルの滝は水煙を吐いて勇壮だ。だが、観光客をロバに乗せていた地元の張国棟さん(七五)は、

「万家寨ダムの水量調節で滝に勢いがなくなり、変化も乏しくなった」

と漏らした。

「滝は昔、もっと前の方にあったが、いまは後ろに下がってきた。水で岩が削られたせいでしょう」

とも語った。山西省政府によると、滝は三百年前に比べ、上流へ十メートル後退している。水量の変化は測っていないそうだが、張さんは、

「水は少なくなった。雨が少ないのと、ダムのためだ」

とみる。その後回った万家寨ダムでこのロバのおじいさんの話をすると、ダム管理局幹部の温暁軍さん（四〇）も、

「話はおおむね正しい」

と認めていた。

幅数キロの広い川は滝のある真ん中の流れを除けば、広い河川敷になっている。私はその石と砂の河原をロバに乗せてもらった。河原の中にコンクリートの橋がかかるが、その下にも水はない。

「洪水の時はこの橋の頭を水が越える。昔は洪水でなくても、橋まで水があった。子どものころは泳いで滝を見に行った」

と張さんは言った。

同い年の妻が河岸の露天でおもちゃを売りながらほほえんだ。夫婦は近くに小さな畑を持ち、小麦やコー

かつてより勢いがなくなったという黄河の名勝「壷口瀑布」（中国山西省の吉県で）

リャン、アワを作って暮らすが、観光が収入の柱だ。滝のある山西省吉県は貧しい。県政府は収入の足しにと、観光を副業にするよう勧めている。ここもまた、水が乏しく、土地がやせているのだ。

日本より広い水土流失地

吉県の広さは偏関県とほぼ同じだが、「瀑布風景名勝区管理局」の李明さん（五三）によると、県土のうち水土流失地は七割を占め、そこに県民十万人の八割以上が住む。

「大雨が降ると、水が一平方キロにつき九千トンの土をはぎ取り、火山の溶岩のように流れる。二〇〇〇年には畑が流されたほか、ヤオトン七軒、小屋五軒が壊された」

と語る。雨は年に五五〇ミリと少ないが、夏の一時期にどっと降る。土地が崩れやすいのは偏関で見た構図と同じだ。

滝の対岸は陝西省だ。その奥には日中戦争当時、毛沢東率いる共産党軍が基地にした延安がある。毛沢東が暮らしたヤオトンを以前に訪ねたことがあるが、延安の地も荒れている。山西省内を車で千キロくらい走ってみた大地は、まさに「耕して天に至る」と形容できる開発が進み、そのために土地が極度に劣化していた。

水土流失は土地が荒廃してゆく砂漠化の一種だ。黄河流域のその広さは日本の国土面積を上回る。崩れた土砂は黄河に流れ込む。それは気の遠くなるような治水の課題だ。

偏関での取材を終え、もう一度、眼下の黄河に目をやった。中州に禹《う》の像が小さく見える。中国古代の伝説的な王朝・夏の初代君主で、治水に尽くしたといわれる。この君主も黄河の土砂には悩まされただろうか。あるいは古代にはこれほどの水土流失はなかったろうか。いずれにしても、いま抱える問題は自然のリズムだけで起きたことでないことは確かである。

偏関から黄河を渡ると、内モンゴル自治区である。そこにも危機はあった。

5　砂漠化と闘う上流域

砂嵐舞う内モンゴル

晴れた午後、突然、砂嵐に襲われた。風速は一五メートルから二〇メートルはあったろう。青空は灰色に一変した。砂粒が鼻や口に入り、目が痛い。内モンゴル自治区の中心都市・フホホト（呼和浩特）での体験だ。

「年々増えています」

自治区政府の外交係・李金楚さん（四六）は驚く表情も見せず、慣れたものだ。

突然の砂嵐に青空は一変し、車はライトをつけ、自転車の人は顔を伏せた
（中国のフホホトで）

砂嵐の中でとくに強力なものを、中国では「沙塵暴《シャーチエンバオ》」と言うが、国家環境保護総局が観測結果を一年遅れで発表している『中国環境状況公報』によると、沙塵暴が近年とくにひどかったのは二〇〇一年で、十八回もあった。そのために、北京などは三月から五月までの三カ月間、全日数の半分に当たる四十五日間も黄砂に見舞われ、交通マヒなどの影響を受けた。二〇〇二年は十二回といくぶん減ったが、相変わらず多い傾向は変わらない。

ほかに、私が襲われたような砂嵐はしょっちゅう発生していると言うのだから、尋常ではない。空中高く上がった砂は一部が北京ばかりかソウル、東京にも到達する。黄砂である。この黄砂もここ数年目立つ。

大気の大循環、地球温暖化、土地の荒廃と

いったさまざまな原因が考えられるが、ともあれ、砂嵐は内モンゴルの環境を象徴する現象だろう。

私は山西省境の偏関から車で黄河を渡り、百八十キロ先のフホホトを目指し、黄土高原をかき分け、内モンゴルに入っていた。進むにつれ、厚い黄土層は次第に姿を消し、大地は砂の多い風景に変わっていた。

集落に迫る流動砂丘

フホホトから西へ百三十キロ、パオトウ（包頭）市を経て南へ四十キロ、長さ四キロの黄河大橋を渡ると、ダラト（達拉特）旗に出る。旗は県に相当する行政区だ。そこで出合ったのは砂の山だった。

旗の政府から十数キロ南へ行った丘に立つと、五十メートルほど南に高さ九十メートルにもなる砂丘がせり上がっている。そのすそに並んで踏ん張る背丈七メートルほどのポプラの木は、垣根にもならないほど小さい。手前の小さな谷がかろうじて押し寄せる砂を受け止めている感じだ。谷に水はなかったが、雨期には川になる。

「流動砂丘です。背が百七十メートルにも達することがあります。西風に乗って、時には年に一・五キロも動きます。昔植えたポプラはすでに埋まってしまった。右手に見える集落ものみ込まれようとしています」

語るのは、案内してくれた副旗長の王果香さん（四六）。砂丘の後方には広大なクブチ砂漠が控えている。

彼女はいま、この旗を翼下に抱えるオルドス（鄂爾多斯）市の防治砂漠化協会会長に転じているが、過去、砂漠化防止を国際会議で何度も訴えてきている。

砂丘に沿って北へ二十キロほど行ったところにある樹林召村の出身で、高校卒業後、上部行政区である樹林召郷の職員になった。働きながら短期大学で砂漠化防止を学んだ。祖父と父は砂漠化を防ぐため、植林に力を入れた。結果は木を枯らして失敗したが、彼女は祖父と父の志を継ぎたいと考えた。

「地域の緑化は私たち三代の事業です」

大学で環境科学を学んだ娘があとを継ぐなら、四代の事業になるかもしれない。

王果香さんの努力は少しずつだが、実りも見せている。同じ郷内の五股地村では一九八五年に砂地に草を根づかせることから始め、緑をよみがえらせた。

「草を植えると、だんだん砂が土になる。そこに灌木《かんぼく》を植え、少しずつポプラなど大きく育つ木に変えてゆきます」

この村は六〇年代から八〇年代にかけ、迫り来る流動砂丘に抗し切れず、六百世帯二千人の住民が次々と離れていった。この地で生まれた王玉清さん（五〇）もその一人だ。

「大雨の時、砂が大波となって押し寄せ、畑も家も埋まってしまった」と昔を回想する。しかし、いま再び村の地を踏んだ。妻（四七）と長女（一六）とともに、七十ムー（約四・七ヘクタール）の畑でコーリャンやスイカ、アワなどを作る。ポプラ並木のわきのジャガイモ畑で語る。

「みんなが戻り始め、草や木を植えていると聞いて帰ってきた。これだけの土を回復させることができました」

日本の土と比べると、砂が多く、とても肥沃《ひよく》とは言えないが、樹木に囲われた畑からは努力のあとが感じられる。現在、三百世帯千二百人が新しい村づくりに協力して汗を流している。ダラト旗では人口三十二万人の多くが植林活動に参加している。八五年に五パーセントだった緑化率は一四パーセントにまで回復した。しかし、砂漠や砂漠化した土地は旗内の七割に及ぶ。東京都の面積の三倍だ。住民の闘いは続く。

荒廃の一因は過放牧

自治区政府によると、自治区内の黄河流域の面積は十五万平方キロ。うち十一万平方キロは風や雨により土壌が削られやすい荒廃地だ。雨が年に五〇ミリから四〇〇ミリと少なく、土地が乾燥しているうえに、過密な放牧や開墾で土地を酷使したことが原因だ。

ダラト旗でさくに囲われた三十匹ほどのヒツジを見た時、王果香さんは言った。

「一九九八年に草原での放牧を禁止したのです。当時、ヒツジは七十万匹も放牧され、草を残らず食べ尽くすかのようでした」

規制により、いったんヒツジは五十万匹に減った。その後また八十万匹に膨らんだが、人工飼料で育てるようになり、草原の負担は随分と軽くなった。

それでも、ヒツジの囲い込みを自治区全体に広げるわけにゆかず、ヒツジはあちこちの草原で放牧されている。数も増えた。自治区政府によると、自治区内では、ヒツジなどの家畜が一九五〇年代に四千万匹だったのが、八〇年代には五千万匹に増え、二〇〇一年には七千万匹となった。

「ヒツジ一匹は年間に二一・八アールの草地を必要としています。それによる草原の負担は相当なものです」

自治区政府の担当者は依然、過放牧であると強調した。これに少雨、土地の乾燥化が重なり、自治区では年に八百平方キロから一千平方キロずつ砂漠化が広がっている。黄河流域でもなお勢いは衰えない。砂漠化は土地の保水力をなくし、黄河に流れ込む水も減らす。

危険な冬の洪水

ままならないのは、ふだんは川に水が少ないのに、時には洪水が起きることだ。とくに川が凍る冬が危険だ。自治区政府によると、内モンゴルの黄河流域は気温が最高三八度を超すかと思えば、最低は零下三七度にもなる。冬は黄河が凍る。川底は氷のふとんをかぶって高くなり、そこへ上流から水が流れ込むと、水位が一気に上がる。

「二月から三月ころは水が堤防の下二十センチまで迫ることもあります」

とダラト旗の王果香さんは言う。一九九六年三月には黄河の堤防が四十メートルにわたって切れた。

「壁に水がしみ込んできて、家の中は水浸しになった。急いで高い堤防に逃げた。四キロ離れた村の親類宅に一カ月世話になった」

決壊現場近くの農民・孫志亮さん（四〇）はそう振り返る。この付近では、氷結による洪水被害をなくすため、時には氷を爆破して川の流れを確保している。

洪水は、氷が原因ばかりではない。氷の下の川底が流域の荒廃に伴って流れ込んだ土砂で高くなったことにもよる。上流域もまた、天井川の危険にさらされているのだ。そうした川はいったん堤防が決壊すると、大きな水害をもたらす。洪水は砂漠化の広がりと無縁ではない。

農業開発が招く塩害

パオトウから黄河の左岸を上流へ行くと、いたるところで真っ白な畑を目にする。塩害だ。青海省に発した黄河は北上し、内モンゴルで東へ走り、向きを変えて今度は南へ下る。その湾曲部分に開けた地が可套《かとう》平野だ。

そこは新中国建国後、黄河から大量の水を引き、大穀倉地帯に一変した。だが、塩害はその平野を襲っている。

「畑に水をためると、毛細管現象によって地下から塩が上がってくる。灌漑をしなければ農業ができない。灌漑をすると、塩に侵される。これは矛盾です」

農民はそう嘆く。乾燥地では激しい蒸発により、地下の水分も激しく引っ張り上げられて蒸発する。それとともに地下の塩も引き上げられる。乾燥地の灌漑農業は方法や管理を誤ると、塩に侵されやすいのだ。塩を水で洗い流すのが簡単な改善策だが、それには膨大な水を必要とする。

自治区政府によれば、内モンゴルの塩害地は二百万ヘクタールと、日本の四国ほどの広さに及び、うち七割が可套平野に集中している。塩害地は草も生えない。使い道のないまま放棄された土地が少なくない。これも大地の砂漠化を一層促す。

西夏王国の地はいま

内モンゴルから一気に、上流の寧夏回族自治区に飛ぶと、そこも砂に苦闘していた。十一世紀には西夏王国が勃興し、独特の西夏文字を編み出して覇を唱えた地で、井上靖の小説『敦煌』にも登場する。

中心都市の銀川には西夏の王たちが眠るピラミッドのような陵墓が幾つもある。背後で賀《が》蘭《らん》山脈が両腕を広げて延び、陵墓を守っている。しかし、山がまとう草木はか細い。

「昔は、森林で覆われていたのに」

自治区主席・馬啓智さんの嘆きだ。

山すそは黄河流域に開けた大平原。草原では放牧が盛んで、潅漑農業も二千年以上前から営まれている。中国の日本語雑誌『人民中国』(九六年黄河特集)によると、秦の始皇帝は寧夏を訪ね、民を移住させて開墾を始めた。漢の武帝もしばしばこの地を訪れ、潅漑工事を命じたと伝えられる。

黄河の水に恵まれたそうした土地も、しかし、近代に入って急速に衰えた。

自治区が二〇〇一年にまとめた現状報告によると、風による流動砂丘の移動といった土壌の荒廃が百五十二万ヘクタール、水土流失が百七十八万ヘクタール、塩害が八・七万ヘクタールとなっている。これらと重複しているが、草原は二百四十万ヘクタールのうち、九〇パーセントが退化してきている。こうした砂漠と砂漠化は寧夏全体の六五パーセントを占める。森林被覆率は背の低い潅木を含めて八・三パーセントにすぎない。

背景にあるのは第一に人口の増加だ。新中国建国後の一九五〇年代は百二十万人だったが、九九年には五百四十三万人と、四倍に膨れ上がった。第二に貧困。食べるために農地を開墾し、漢方薬の草を採取してきた。第三に過放牧だ。草原で養うことのできるヒツジは二百九十万匹と見積もられるのに、四百三十万匹もいる。

黄河の水や地下水の過剰取水が一層、土地の体力を衰えさせてもいる。雨は年平均三〇〇ミリ弱。一方で、近年の地球温暖化により、蒸発量が増え、土地の乾燥化が進んでいる。土地の保水力が弱れば、その土地から流れ込む黄河の水量も減る。さまざまな要素が絡み合って、水も大地も瀕死《ひんし》の状況にあるのだ。

「過去の過剰な開発、経済の拡大政策は間違っていた。あまりにも土地や水を乱暴に扱ってきた。農薬や化学肥料も使い過ぎた。昔は水田にたくさんの魚がいたのに、いまは影もない。チョウやハチも飛んで来ない」

馬さんは実に正直な人だ。自治区政府は山に人や家畜が入らないようにしたり、植林に力を入れたり、多様な手を打っているが、馬さんはこう語った。

「環境を回復するには何世代にもわたる長い長い努力が必要です」

追われる農民

銀川から南へ六十キロ行った霊武市の東湾村で、三十人ほどの村人が出て、一軒の家を改築していた。家の持ち主は農民の楊吉亮さん（三四）。一つ年上の妻と二人の子どもと暮らす。

「ここには八〇年代に引っ越して来ました。いま使っているれんがなどは前の家を壊して持って来たものです」

以前は数キロ離れた集落で百人がかたまって住んでいた。だが、風で動く流動砂丘によって埋まってしまった。やむなく、市の支援で集落ごと移転した。

「田畑や家は砂をかぶった。井戸から地下水を引いて米も作っていましたが、水も少なくなってきた」

雨は年に二〇〇ミリしかない。飲み水は毎日何回も、近くの井戸にくみに行っている。どうにか残った畑や、新たに入手した水田も水不足で困っている。流動砂丘は年に十メートルずつ波のように動いている。

「また砂が近づいて来ないか心配です」

砂丘は高さ二十メートル、面積八万ヘクタールにもなる。山陰の鳥取砂丘のようなロマンを醸し出すものではない。

銀川から南へ二百キロ。中衛県にある公園は黄河観光の場だ。食堂や土産物屋が並び、川にはボートが浮かぶ。黄河の水面は幅百メートルほど。対岸は砂の丘陵地だ。

「昔は緑の山でした。砂に押され、草は枯れてしまった」

と、近くの童家園村で土産物屋を営む童開平さん（五八）は漏らした。辺りの砂山ではあちこちで草を植え、土づくりが進められている。木も植えられている。だが、木の背は高くても腰の位置に達するかどうか。育った木も枯れてしまうことが少なくない。

上流に目をやると、砂の山が黄河に滑り込もうとしていた。砂漠化は水をためる大地の能力を衰えさせ、地下水を枯らし、そして黄河も細らせている。

黄河は中国の縮図である。その中国は世界の縮図だろう。世界各地もまた、気候変動と過剰開発、急速な近代化によってさまざまな自然の逆襲を受けている。

◆異常な黄砂、広がる砂漠化

黄砂は昔からある春の風物詩だ。しかし、近年はやや異常だ。日本の気象庁は全国百二十三地点で観測しているが、二〇〇〇年から三年間はとくに黄砂が目立った。二〇〇二年は各地の観測日数の合計が千二百七十六日にも達し、史上最多を記録した。それだけに単純に自然現象と片づけられない。地球温暖化や土地の荒廃が背景にあると思われる。

黄砂の主な源は、北京北方の国モンゴルから中国内モンゴル自治区にかけて広がるゴビ砂漠や、西方のタクラマカン砂漠だ。その一つ、タクラマカン砂漠東端に位置する甘粛省の敦煌を二〇〇二年に訪ねた。有名な石窟寺院・莫高窟《ばっこうくつ》のあるところだが、そこには水が枯れ、大地が荒廃した風景があった。

例えば、南北に二本ある川のうち、北の疏勒河は水のない草原と化し、ヒツジが放牧されていた。上流のダムが水需要を満たすために一滴も放流しないうえ、わき水が減ったためだ。地下水のくみ上げ過ぎに加え、地球温暖化の影響で水分が激しく蒸発していることが大きい。

水のない川の中でヒツジを放牧していた牧畜民は言う。

「川の周りにあった泉は次々と枯れ、草原がやせてしまったからです」

敦煌では近年、年に一万ヘクタールずつ砂漠化が進んでいるという。

そうした荒廃地を、西方の砂漠で発生する強力な砂嵐、沙塵暴が通ると、砂を巻き上げてさらに大きくなる。台風が成長してゆく過程に似ている。その年五月には、

「空が砂で真っ暗になり、自分の指先も見えないほどでした」

と敦煌市気象局の担当者は振り返った。そして、上空高く舞い上がった砂がやがては日

本にまで到達するのだ。

中国政府は沙塵暴の増加に危機感を強め、二〇〇三年まで首相だった朱鎔基氏は現職当時、砂で埋まる村へ足を運び、砂漠化防止を急ぐよう厳命したこともある。

国家林業局によると、中国では砂漠と砂漠化を加えた面積が二百六十七万平方キロと、国土の三割近くを占める。砂漠化は、草原や田畑、森林だった土地が劣化してゆくことを意味し、それがどんどん広がっている。七〇年代は年に千五百平方キロ余りだった拡大のスピードは、九〇年代は二千四百平方キロ余りになり、二〇〇〇年以降は年に三千四百平方キロほどになっている。年に東京都より広い面積が荒れてゆくことを物語る。

II

世界に広がる水と大地の危機

深刻な水不足問題

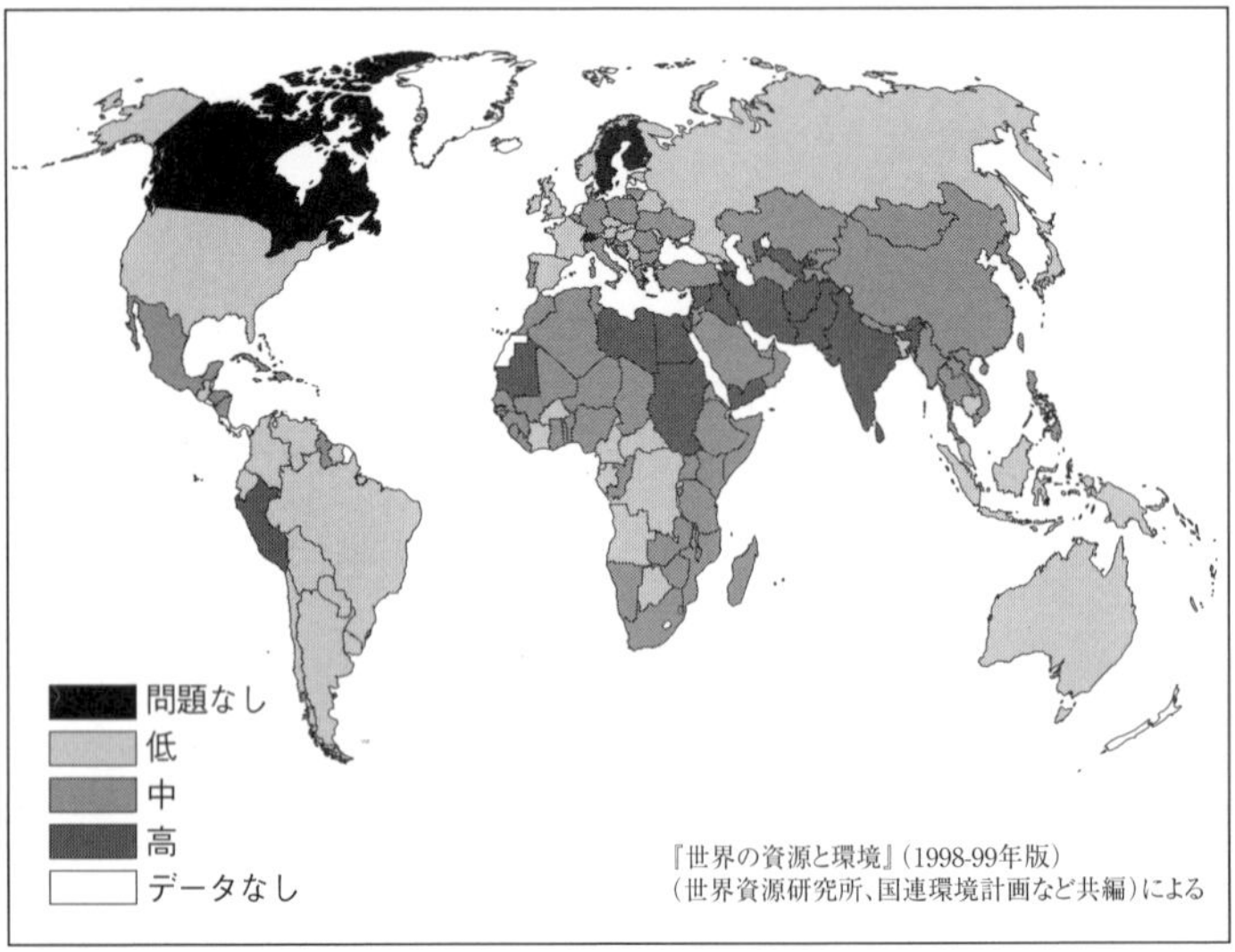

『世界の資源と環境』(1998-99年版)
(世界資源研究所、国連環境計画など共編)による

近年の主な水害

1993年	米国・ミシシッピ川大洪水で、被災家屋8万4000戸
95年	欧州で記録的豪雨。ライン川流域で数十万人が被災
98年	中国・長江で大洪水。2億3000万人が被災、死者3004人
98年	ニカラグア、ホンジュラスなどで、ハリケーン被害。死者約1万8000人
99年	中国・長江流域で大雨。死者725人
99年	ベトナムなどで洪水。死者554人
99年	ベネズエラ、コロンビアで豪雨、土砂災害。死者3万人から5万人
2000年	日本で東海豪雨。愛知県の被害総額は8656億円
00年	カンボジア、ベトナム、タイで、メコン川洪水。死者230人
00年	インド、バングラデシュで大洪水。死者約1500人
01年	モザンビークのザンベジ川流域を中心に被害。8000人が家を失う
02年	チェコ、ドイツなどで、エルベ川大洪水
03年	スリランカで豪雨。死者200人以上

『世界の水と日本』(第3回世界水フォーラム事務局監修)、『地球の水が危ない』(高橋裕著)などによる

1　渇水と洪水の同時進行

地球の水

よく言われることだが、地球の表面の七一パーセントは水で覆われている。それが生物を誕生させた。しかし、私たちが日常的に使うことができる淡水はわずかしかない。

地球の水の大半は海水で、それは魚介類を育むのに大事だが、国土交通省の水資源白書『日本の水資源』によると、陸上の生物の飲み水になる淡水は地球の水の二・五パーセントしかない。しかも、多くが南極や北極、ヒマラヤなどの氷河として蓄えられ、地下水や河川、湖沼の水は地球上の水の〇・八パーセントだ。この限られた水を利用して、私たちの生活は成り立っている。

もっとも、こうした数字はある瞬間を取ったもので、現実の水は絶えず動いている。その水循環という視点で見ると、地球に降る雨は年に五百七十七兆トンだ。ものすごい量のようだが、これも多くは海に降り、陸上に降るのは百十九兆トンだ。うち七十二兆トンは蒸発で失われ、残り四十七兆トン余りが利用可能な量である。これらは四十五兆トンが川に流れ、二兆二千億トンが地下水になる。

これに対し、世界で使われている水は三兆五千七百億トン（一九九五年）。雨と水の使用量だけを比べると、余裕があるように見えるが、雨は時も場所も偏在して降るため、実際に利用できる水は限られる。それが黄河で見たように極端な水不足を招くのだ。

ところが、皮肉なことに近年、世界では水不足の一方、水が多すぎて困ったことも起きている。世界で頻発している洪水だ。

急増する水害

二〇〇二年夏、有名なカンボジアのアンコールワットを訪ねた折、近くのトンレサップ湖一帯は雨期の洪水で水があふれていた。どこが湖で、どこが陸地か分からないほど、一面が湿地になっていた。

「毎年、雨期はこんな感じです」

湖を舟で観光した時、ガイドはこともなげに語った。

住宅の多くは高床式の造りで、水につかってもそう不自由はない。学校も高床式だ。子どもたちは舟で通学していた。

トンレサップ湖は大河・メコン川の支流の上流に当たり、メコン川の流量が大きくなると、水が逆流し、湖は冬の乾期に比べ、何倍にも膨らむ。湖はメコン川の洪水を和らげる役割を

洪水期は水につかるカンボジアのメコン川流域（機上から）

負っている。古来から続いてきた自然のリズムだ。洪水によってもたらされる栄養分は魚を養い、肥沃《ひよく》な大地をつくる。洪水にはそんな恩恵もある。

しかし、いったん自然のリズムが狂うと、洪水は大きな被害をもたらす。

私が帰国後、メコン川流域は豪雨に見舞われ、各地で川があふれ、山崩れが起きた。その年九月八日付の朝日新聞は、メコン川下流のベトナムで十一人、中流のカンボジアで三十七人が亡くなったと伝えた。

二〇〇三年も、バングラデシュやネパールで数十人が洪水や地滑りで死亡した。スリランカでは豪雨で二百人以上が犠牲になり、半世紀ぶりの自然災害と言われた。日本でも九州や四国などで集中豪雨や台風によって大きな被害が出た。

近年、洪水による被災者は急増している。二〇〇三年に日本で開かれた「第三回世界水フォーラム」の資料によると、一九七三年から七七年までの年平均被災者は千九百万人だったが、九三年から九七年までの平均では一億三千百万人と、七倍近くになる。

九八年は水害の当たり年で、長江流域の中国で死者三千人、ガンジス川流域のインドなどで死者二千四百人といった超A級のものが目立った。同じ年、ニカラグア、ホンジュラスなど中米はハリケーンに襲われ、土砂崩れや洪水で一万八千人が亡くなった。九九年末には、ベネズエラやコロンビアで豪雨や土砂災害により三万人以上が犠牲になった。

プラハも水につかる

ガンジス川や長江に比較すれば、死者こそ少なかったものの、日本人に関心を持って受け止められたのは二〇〇二年八月の中東欧洪水だ。日本人には人気の観光スポットだったことや、「ヨーロッパでも洪水か」といった驚きによるのだろう。

砂田憲吾山梨大学教授を団長とする土木学会メンバーらによる現地調査団が二〇〇三年にまとめた報告書によると、ドナウ川、エルベ川流域の雨量は八月の十三日間で一五〇ミリから四五〇ミリに達した。雨の多い日本から見れば、これだけの雨量はそう珍しいことではな

美しいブルタバ川（チェコのプラハで）

いが、中東欧ではまれな大雨だ。

エルベ川に注ぐブルタバ川は、チェコのプラハで毎秒五千三百トンという一八二八年以来の最大流量を記録した。これは五百年に一度しかない規模の流量で、川は大きく膨らんで、あふれた。

その前年にその街を訪ね、川沿いの遊歩道を歩いたことがある。水は堤防のはるか下をゆっくり流れ、沿岸の歴史的建造物を映していた。街はスメタナの名曲が醸し出す美しい響きそのものだった。そんな岸辺が背丈より高い水につかるとはなかなか想像できない。低地では三メートルから四メートルもの浸水となり、五万人が避難した。

ブルタバ川右岸のプラハ動物園も浸水し、ゴリラなど多くの動物が死んだ。アシカも流れにのみ込まれ、その後、二百五十キロ下流のエルベ川で見つかった。十二歳のオス、ガストン君で、その生命力が話題を呼んだ。だが、残念ながら、チェコに戻される途中で息を引き取った。泳ぎが達者なアシカも疲れ果てるほどの濁流だったのだろう。

オーストリア、ドイツを流れるドナウ川も洪水となり、流域にやはり大きな被害をもたらした。調査団報告だと、この中東欧洪水による死者はチェコやドイツ、オーストリア合わせて、少なくとも四十五人、被害額は百四十七億ユーロ（約二兆円）にのぼった。

「気候がおかしくなっているうえ、沿岸の緑地など氾濫原《はんらんげん》をつぶしてきた開発の歴史が洪水を大きくした」

ウィーンに住む環境コンサルタントのカール・アレクサンダー・ジンクさんは洪水の原因をこう指摘している。

人口増で、あるいは経済的豊かさを求め、人々は開発を進めてきた。だが、それは水の行き場を狭めることでもあり、そうした社会は水があふれるともろい。そこへ異常降雨が重なると甚大な被害を招く。世界の多くの洪水に共通する問題だ。

近代都市は雨にもろい

日本で記憶に新しいのは二〇〇〇年九月の東海豪雨による水害だ。これも開発と異常気象が被害を大きくした。コンクリートで覆われた都市が水害に弱い点を浮き彫りにし、都市型水害の代表例として教訓も残した。

名古屋市では一日の雨量が四二八ミリと、観測史上最大を記録した。近郊では川の堤防が各地で切れ、死者十人、負傷者百十五人を出した。長く水につかり、住宅の全半壊と一部損壊は合わせて五百八棟、床上浸水は二万二千八百九十四棟にのぼった。国土交通省の試算によると、被害総額は愛知県だけで八千六百五十六億円。住宅や事業所など一般資産の被害額としては、過去四十年間余りで起きた日本の水害の中で最大だった。

被害の大きかった西枇杷島町の戸水純江さんは九月十二日未明、前夜から降り続く雨の中、近くのスーパーへ避難した。長野県に住む妹に携帯電話をかけ続けたが、みんなが一斉に電話をかけたことでつながらず、午後になってボートで救出されるまで、障害のある娘と一緒に不安な時を過ごした。

「じっとこらえるしかなかった」

被災者の一例だ。

水害の直接の原因は町を流れる新川の堤防が切れたことだ。その川の東には名古屋を取り巻く庄内川がある。庄内川は堤防が途中で少し低くなっており、洪水の時は水が新川にあふれるようになっている。その接続部を「洗《あらい》堰《ぜき》」と言う。かつてたびたび洪水に苦しめられた庄内川を守るため、江戸時代に洗堰と新川が造られた。当時、新川流域は荒れ地で、あふれた水を受け止める遊水地の役割を担っていたのだ。

そうした治水思想は決して間違ってはいなかったが、時代は変わっていた。遊水地だった荒れ地はいま、住宅がびっしり立ち並ぶベッドタウンだ。そこに住んだ人に責任はないが、中東欧で触れた「氾濫原」をなくしたことが被害を大きくした。水害の直接の原因として「洗堰を放置してきたからだ」という指摘もあるが、一方で、総合的な都市治水のあり方も東海水害は問うた。

コンクリートで固められた都市では、降った雨が地下にしみ込まず、原っぱに蓄えられることもない。水は一気に下水道や川に向かう。それが容量いっぱいになれば、水は街にあふれるしかない。東海水害では名古屋市内でも、各地で下水道や川があふれ、低地は水浸しになった。

前年には福岡や東京でビルの地下にいた人が地上から流れ込んできた水にのみ込まれて亡くなった。いずれも集中豪雨の際、街の水が下水道にはけず、道路が水浸しになり、それが地下に流入した。コンクリート都市の弱点をさらけ出したと言える。

ソウルでは二〇〇一年に、時間雨量一〇〇ミリ近い集中豪雨に見舞われ、下水道が水を吸い込みきれず、各地で水浸しとなった。死者六十六人、浸水家屋六万戸という被害が報告されている。

こうした都市型水害は下水道や川に依存しすぎ、雨を邪魔にしてきたことによるしっぺ返しとも言える。多額の金をかけて造られた近代の都市は、雨には意外なほどもろい。

氷河湖も決壊

洪水は氷に閉ざされた高地でも起こる。ヒマラヤを長年見てきた名古屋大学の上田豊《あげた》教授によると、ブータンでは九四年にルゲ氷河湖が決壊した。濁流で百キロ下まで被害が及び、二十一人が亡くなった。古城や森林も傷つけられた。

氷河湖とは氷河が解けてできたものだ。下に垂れ下がり、末端にたまった石や土などの堆積物（モレーン）が堤防となって支える。だが、気温の上昇で氷が急速に解け、湖が膨張すると、雪崩などをきっかけにしてモレーンが崩れる。

「地球温暖化で、氷河の解けるスピードが加速している」

と上田教授はみる。

大学の特別研究員坂井亜規子さんは二〇〇二年、ネパールのイムジャ氷河湖を調べた。巻き尺に重りをつけて水中に垂らし、水深も測った。別の学者が測定した一九九二年の数値と比べ、湖の体積は四〇パーセントも膨らんでいた。

国連環境計画（UNEP）は二〇〇二年にこんな警告を発している。

「ヒマラヤでは四十四の氷河湖が危ない」

恐るべき地球温暖化

ヒマラヤ、それに続くチベット高原はガンジス川やメコン川、長江など、アジアの大河の源だ。氷が解けることはそうした川の環境も変える。

「地球温暖化で、大河の源流で氷が解けたらどうなるか。雪が雨に変わって降れば、どうなるか。雨期の洪水はもっと大きくなる」

『地球白書』の編著者だったレスター・ブラウンさんの言葉だ。

国際的な気象学者の真鍋淑郎さんも、以前に聞いた講演でこう警告していた。

「二十一世紀後半には地球の温度が二・五度上がる。蒸発、雨ともに五パーセント増え、河川流量が七パーセント増える。例えば、ガンジス川の流量は一八パーセント増え、洪水の危険が増す」

温暖化と言うと、すぐに南極や北極の氷が解けて海面が上昇することを連想しがちであるが、温暖化は世界の気候を変え、洪水を誘発することも忘れてはならない。

ちなみに、各国の科学者でつくる「気候変動に関する政府間パネル」（IPCC）が二〇〇一年にまとめた第三次評価報告書によると、地球の平均気温は一八六一年以降上昇を続け、〇・四度から〇・八度上がった。

この影響で、一九六〇年代後期以降、積雪面積は一〇パーセント減った。北極では、ここ数十年の晩夏から初秋にかけての期間を見ると、海氷の厚さが四〇パーセントも減り、冬の氷も減った。さらに、二〇世紀中には山岳氷河の後退が広い範囲で見られた。

気温は今後も上がり続け、二一〇〇年までに、一九九〇年に比べ、一・四度から五・八度上昇すると予測される。これに伴い、蒸発量、降水量ともに増える。しかも、雨は集中的に降る傾向が強まる。氷河はさらに解けてゆく。これだけ見ても、洪水が今後も頻繁に起きることは容易に想像できる。

ところが一方では、干ばつも頻発する恐れがあると言うのだから、やっかいだ。そのために、専門家によると、黄河やナイル川では洪水どころか、渇水の恐れさえある。

私たちは水の危機というと、とかく水不足だけを連想しがちだが、深刻なのは渇水と洪水が同時進行で起きていることにある。

2 化学物質の汚染

ベトナム戦争の悲劇

「戦争は最大の環境破壊」と言われる。ベトナム戦争では米軍の投下した枯れ葉剤によって、豊かな森林が焼き尽くされ、川や地下水が汚染された。汚染の傷はいまも深い。ベトナムのホーチミンで二〇〇二年秋、ベッドに横たわるベト君(二一)に会って、一層、その思いを強くした。

柔らかく小さな手に触れると、ぴくっと体が動いた。歓迎されたように感じたが、医師によると、意識はないそうだ。

体がくっついて一緒に生まれたドク君は、同じ病院で元気に働いていた。バイクに乗ることもできる。私がベト君を訪ねた折は、傍らでじっと兄を見守っていた。

病院にはほかに、頭や手足などにさまざまな障害のある子どもたちが六十人近くいた。子どもたちの多くはベト君・ドク君と同じように、ベトナム戦争の時に米軍の枯れ葉剤を浴びた親から生まれた。枯れ葉剤は猛毒のダイオキシンを含み、次の世代に影響すると言われている。

「何でこんな目に遭うのか」

幾つかの病室を窓越しにのぞくと、顔を向けた子どもたちの目が無言の叫びを上げているように思われた。

ベトナム赤十字社が作ったビデオ「いまだ癒やされない傷あと」の中で、親たちは、「悲しみはいつ終わるのでしょうか」とつぶやいていた。

「ベトナム戦争後、十五万四千人が障害をもって生まれ、うち一万人が死亡した」ビデオはそう訴えている。

ダイオキシンは土壌や地下水、河川を汚染し、魚介類の体内にも蓄積され、長く人々の健康を脅かす。ここに化学物質、化学兵器の怖さがある。

放射能汚染のイラク

二〇〇三年のイラク戦争で、米国はフセイン政権が細菌や毒ガスなどを使った生物化学兵器といった大量破壊兵器を保有していることを開戦の理由にしていた。戦争はもともと野蛮な行為だが、わけてもこうした兵器は非人道的だ。その拡散を防ごうとする考え方自体は間違っていない。しかし、米国だけは大量破壊兵器を持っていいのか。枯れ葉剤も許されるのか。そうではあるまい。

イラクでは開戦後一年以上たっても、大量破壊兵器は見つからなかった。一方で、米軍は戦争で劣化ウラン弾を使った。劣化ウランは、天然ウランから核兵器の原料や原子力発電の燃料を作る過程で出るごみのことだ。だが、ごみとはいえ、それは放射能を放つ。

劣化ウランの問題に詳しい伊藤和子弁護士が二〇〇四年一月二十七日付の朝日新聞に書いていたところによると、劣化ウラン弾は投下時に放射性微粒子を大量に放出する。呼吸や飲料水などを通じて体内に入り込めば、体内で放射能を放ち続け、細胞や遺伝子を傷つけ、がんや先天性異常を引き起こす。一九九一年の湾岸戦争で劣化ウラン弾を浴びた南部の都市バスラでは近年、小児がんや先天性異常が激増している。劣化ウラン弾はイラク戦争で八百トンから二千トンも使われ、残留放射能で全土が汚染されたという。

その劣化ウラン弾による被害の実態を調べたいと、一人の青年が二〇〇四年春、イラクに向かい、仲間の二人とともに誘拐された。その後、別に二人も人質になった。いずれも無事解放されたが、政府・与党やマスコミの一部から「自己責任」を指摘されて批判を浴びた。米国のパウエル国務長官が彼らの行動の勇気をたたえたことに比べ、その批判の何と冷たかったことか。

青年を責めることより、彼が勇気を持って取り組もうとした劣化ウラン弾の汚染にこそ目

汚染浄化の作業が進められていた旧東独のごみ処分場（ドイツのポツダムで）

を向けるべきではないのか。

軍事基地は汚染源

戦争は環境保全とは相反する。そして、戦争のために備える軍事基地もまた、環境を破壊する。学者グループでつくっている『アジア環境白書』（二〇〇三～〇四年版）にはそのことが詳しく紹介されている。

例えば、一九九一年に米国から返還されたフィリピンのクラーク空軍基地。跡地は九一年のピナツボ火山噴火の後、住民の一時避難センターとなった。九九年までに約二万世帯が暮らし、基地内汚染土壌の影響を受けやすい井戸の水を生活に使っていた。住民のリーダーが九四年に五百世帯の健康調査をした記録が残っている。がんや白血病、流産、心臓疾患などの健康障害は百四十四人に及んだ。フィリピン上院の専門委員会が追跡調査したところ、二〇〇〇年までに七十六人が亡くなっていた。井戸水が何らかの化学物質により汚染されたことが原因とみられている。

日本でも、米国から九五年に返還された沖縄の恩納通信基地で、跡地の浄化槽にたまっていた汚泥に水銀、カドミウム、ヒ素、ポリ塩化ビフェニール（ＰＣＢ）が高濃度で含まれていたことが分かっている。米海軍横須賀基地の空母停泊用バースでは八八年に、重金属汚染が発見された。

軍事基地は多くが秘密のベールに包まれ、環境調査が不十分だ。幾つか報告されている汚染は氷山の一角にすぎない。環境先進国と言われるドイツでも、旧東独側の軍事基地でいくつか汚染が心配されている。

「ガソリンのタンクがそのまま地下に埋められ、油が土壌に漏れていたことがあった。各地の基地ではそうした残留汚染の影響がやがて出てくる心配がある」

一九九七年に旧東独を訪ねた際、ベルリン近郊のごみ処分場の担当者はそう言っていた。基地内の取材はできなかったが、旧東独の処分場の実態を見れば、基地の汚染は容易に想像できた。

旧東独のごみ汚染

旧東独は財政事情もあって、劣悪なごみ処分場が多かった。一九九〇年に東西ドイツが統一された後の政府調査で、汚染の心配がある処分場は一万カ所もあった。統一直後、規制の目が行き届かなかった旧東独へ西から大量のごみが持ち込まれ、汚染がひどくなった面もある。政府はそうした処分場の一部を改善してその後も使っているが、処分場の大半は閉鎖し、環境回復の事業を進めている。

その一つを、ベルリンに近いポツダム市で見た。市環境保護局長のディータ・ボルツェさんが案内してくれた処分場は、市庁舎から西へ十キロ、華麗なサンスーシ宮殿を抜けたところにあった。

土がかぶせられて小高くなった丘は、高さ二〇メートルほどの金網で囲われ、立ち入り禁止となっている。重金属が地下水に漏れていたことが分かったのだ。金網の内側では、ブルドーザーが土を運ぶ。何度も何度も土を積み、周りにある自然の丘に合う景観にしようという考えである。

処分場は十五ヘクタール。わきを、近くの川に通じる運河が流れる。

「ベルリンから、ごみを船で運んでいたのです。有害物質を取り除くことなく、捨てていました」

とボルツェさんは語った。

丘の周りには排水口を設け、しみ出した水を浄化する。だが、彼は、

「汚染水が地下へ漏れてゆくのを完全に止めるのは難しい」

と悩みを語っていた。

汚染大国の米国

『マイクへの愛』という本を開く。

米国東海岸のトムズリバーというまちに住む主婦リンダ・ギリックさんが、顔などをがんに侵された息子マイク君との日々を書き、化学会社の汚染を問うたものである。一九九七年、ニューヨークから南へ五十キロ行った彼女の自宅を訪ね、本をもらった。

その時、笑顔で迎えてくれたマイク君は十八歳。がんは顔だけでなく、体のあちこちをむしばみ、毎日、六十種類もの薬を飲んでいた。背も低く、成長も遅れていた。

「一日一日の命は神がくれたものとして、生きています」

母親のリンダさんはつぶやいた。

地下水を水源とする水道で溶かしたミルクで、マイク君を育てた。生後三カ月の時にがんと診断された。入院先の病院に、同じまちの子どもが多いことから、「これはおかしい」と

感じた。近くにはごみ処分場がある。化学会社がごみをドラム缶に詰め、大量に埋めていた。それが土壌に漏れ、地下水を汚染していたことが分かった。

「水銀やポリ塩化ビフェニール（ＰＣＢ）といった有害物質です」

とリンダさんは言う。

汚染は会社も政府も認めるところだが、がんとの因果関係は分かっていない。しかし、彼女は汚染が子どもたちのがんを誘発したことは間違いないとみている。近くの子どもたちがいかにがんなどに苦しめられているかを示すため、著書の中に、その子たちの年齢と病名をずらりと記している。

少年六歳・白血病、少年四歳・脳腫瘍《しゅよう》、少年十二歳・骨肉腫、少年十八歳・脳腫瘍、少年五歳・白血病、少女十八歳・リンパ肉腫、少年三歳・白血病、少女四歳・脳腫瘍、少女五歳・白血病、少女十三歳・卵巣奇形、少女五歳・脳腫瘍、少年十四歳・悪性リンパ腫……といった具合だ。

米国は世界有数の「ごみ大国」だ。そのごみによる汚染は深刻である。ワシントンＤＣにある非政府組織「有害廃棄物のための市民情報センター」に立ち寄ると、リーダーのロイズ・ギブスさんは、

「処分場や焼却場などが周りを汚染しているところは、全米で一万カ所になる」

と語っていた。

ラブキャナル事件の悪名

ロイズさんは、悪名高い「ラブキャナル事件」の被害者である。事件は、米国ニューヨーク州のナイアガラフォールズ市で起きた。ごみ処分場から漏れ出した有害物質が土壌や川、地下水を汚染したのだ。

その処分場はラブキャナルという古い運河だった。そこに二十世紀の半ば、化学会社が大量のごみを埋めた。それが七〇年代後半になって、大雨などで漏れてきた。住民は恐怖に陥り、政府は集団移住を決めた。結局、一千世帯が移転した。

住民にはさまざまな影響が出た。幼かったロイズさんの息子や娘も一時は、肝臓や血液の病気を患った。

近くのバファローに移った主婦、ルーラ・ケニーさんの痛みは容易に癒えない。処分場近くに住んでいた七八年、七歳の息子を腎臓病で失った。息子は、裏庭を流れる小川で泳いで育った。川は時に、黒、黄色に染まっていた。薬品のようなにおいもしていた。

「看病の傍ら、医学書を読みました。処分場から漏れた有害物質にさらされたとしか思えない。遺体を解剖してもらうと、ダイオキシンが検出された」

同じころ、近所の十五軒で、九人の女性が乳がんで死亡した。流産も多発した。「犬のがんも見つかりました。異常な死に方をしたので、解剖して分かった」

ナイアガラフォールズ市は、カナダとの国境に、ナイアガラの滝を抱える観光地だ。滝には日本人の観光客も多く訪れている。しかし、川を少し上流に行った処分場一帯の汚染地だけは荒涼として、ひとけもない。

ヒュー、ガタガタ。割れたガラス窓をたたく風の音がいまも耳に残る。

汚染から逃れた人々の廃屋。木が立つフェンスの向こう側がかつてのごみ処分場
（米国のナイアガラフォールズで）

切れた電線が揺れ、屋根から、はげた壁に垂れる。玄関のドアはベニヤ板で閉ざされ、塀はぐにゃりと折れ曲がっていた。道沿いには廃屋ばかりが続く。家並みの前には、立ち入りを拒む金網が延び、「危険」と書かれた看板が掛かっていた。

政府や州が環境回復と地区復興に向けて作った「地区再生機構」

の事務所で、責任者のスーザン・ブラスさんは言った。

「調査では、猛毒のダイオキシンが、規制値の四十一倍も検出されています」

化学会社は浄化費用として二百億円以上を使った。私が訪ねた時は、地下水をくみ出して浄化し、地表を厚い土で覆っていた。

この事件をきっかけにできたのが、よく知られる「スーパーファンド法」だ。石油、化学関連の企業からの特別税で基金をつくり、処分場を浄化する。その後、ごみ処理業者だけでなく、ごみを出した企業にも費用を請求する制度だ。日本ではこれを参考に、二〇〇〇年に廃棄物処理法を改正し、排出者の責任を厳しく問うことになった。

食物連鎖の環境ホルモン

化学物質の中で、とりわけ不気味なのは、環境ホルモンと言われるものだ。それは体内でホルモン作用を狂わせ、生殖や成長に異常をもたらす。赤ちゃんは母親の体内で、あるいは母乳を通して化学物質に汚染され、さまざまな影響を受ける。ダイオキシンやＰＣＢなど多くの物質が疑われている。

その危険性に警鐘を鳴らしているのは、世界各国で翻訳された『奪われし未来』の共著者、シーア・コルボーンさんだ。ワシントンＤＣで会った二〇〇〇年の初夏、環境団体「世界自然保護基金」の研究室に飾られた息子や孫の写真に目をやって語った。

「私たちはもっと、次の世代のことを大切にすべきです」

目を細めた表情に、母親が持つ深い愛情を私は感じた。

環境ホルモンが怖いのはそれが植物から動物、さらに大きな動物と食物連鎖を通じて濃縮されてゆくことにある。川や大気に飛散したＰＣＢが微生物に入り込み、それが魚に食べられ、その魚が鳥に捕らえられる過程で、濃縮度は二千五百万倍にもなる例がある。さらに回り回って、アザラシを食べたホッキョクグマに受け継がれたＰＣＢ濃度は三十億倍にも達すると本には書かれている。人間も食物連鎖の頂点にいる。心配して当然だ。

そうした環境ホルモンと疑われる物質が世界の海や川、地下水、大気に飛散し、多くの生物に蓄積されているのだ。

次世代への影響が心配

次世代への影響をみるうえで、不幸な人体実験の役割を負わされたのはダイオキシン汚染のベトナムであり、一九六八年に日本で一万人以上が被害を訴えたカネミ油症事件、それとそっくりな状況で七九年に二千人の患者を出した台湾の油症事件だった。いずれも食用油の製造過程でＰＣＢが混入して起きた。被害者はそれを食べたのだ。

顔や体ににきび状のぶつぶつができたり、目やにがひどくなったり、さまざまな症状が現れた。主要な原因はＰＣＢから変化したポリ塩化ジベンゾフランというダイオキシンの一種だった。女性患者から生まれた子どもには肌の黒い赤ちゃんが目立った。

二〇〇二年に台湾・台南の成功大学で会った郭育良教授によると、子どもたちにはつめが変形したり、耳が悪かったりと、さまざまな障害も現れている。女性患者百十八人から生まれた子どもを長年調べた結果では、子どもたちは知能の発達も遅れていた。

「孫の世代にも影響しかねない」

と教授は心配していた。

「ここをぜひ見てください」

台南市の市民グループ「台南市社区大学」の人たちに言われて案内されたところは、川に近い工場跡地だった。広大な敷地がさくで囲われ、「汚染区」「立ち入るな」といった看板があちこちに立つ。

「水も土壌も、高濃度のダイオキシンで汚染されています」

グループのリーダー、中華医事学院副教授の黄煥彰さんは強調した。

ここは日本統治時代に造られた化学工場だった。周りには木造の日本家屋もある。いまは地元の人がそこに住み、一見、穏やかな風景だが、辺りは目に見えない汚染にさらされている。

日本の工場は台湾の石油化学会社に引き継がれ、農薬などが製造された。近年になって周囲の川が汚れたことなどから住民が騒ぎ、市が工場内を調査したところ、ダイオキシン汚染が明らかになった。

「ダイオキシンが土壌から地下水に浸透し、川を汚染している恐れがある。この付近の住民は川で魚を捕っているので心配だ」

黄さんは言った。舟に乗って見た川はどす黒く、どぶ川だった。

日本では、言うまでもないことだが、公害の原点とも言うべき水俣病を忘れることはできない。チッソが流したメチル水銀で汚染された魚を食べた人々が多数、体をむしばまれた事件だ。母親がやせた娘を抱えて入浴させる写真は世界的に有名だ。写真家ユージン・スミス、アイリーン夫妻が撮ったその娘は、母親の胎内で水銀に侵された胎児性患者だ。

水俣病を考えるポイントとして、「公害は弱者を直撃する」と、『水俣学講義』の中で医師の原田正純氏は書いているが、それは多くの環境汚染に共通する問題である。経済や軍事を優先した思想からは決して、化学汚染を解決はできない。

世界を震撼《しんかん》させた水俣病は過去のことではない。汚染はいまも世界に広がり、次の世代を脅かし続けている。

◆コルボーンさんの警鐘

シーア・コルボーンさんにインタビューした一部を紹介したい。

――環境ホルモンによって、野生生物はすでに危機的と言われます。

「化学物質は徐々に野生生物の生殖をむしばんでいます。米国のオンタリオ湖では、ワシの繁殖率が落ちています。生まれた子どものくちばしが曲がっていたり、つめがおかしくなったりしています。親の役割を担わない野生動物や鳥も増えています」

――人間の精子が減っているそうですが。

「デンマークのグループが出した論文では、若い兵士九百人ほどを調べたら、精子はふつう精液一ミリリットル中に一億個以上あるのに、半分しかなかった。化学物質の何らかの影響でしょう」

――乳がんや前立腺がん、子宮内膜症にも関係しますか。

「赤ちゃんがおなかの中にいる時に化学物質に触れると、大人になって影響が出てくる可能性がありますね」

――脳にも影響しますか。

「甲状腺ホルモンは脳の成長を調整します。そのホルモン作用が子どもの出生前に、母親の体内に蓄積されている化学物質、例えばＰＣＢによって狂う恐れがあります。私が恐れているのは化学物質が子どもの学ぶ能力、行動に影響を与えているのではないか、ということです。落ち着いていすに座っていることや、何かに集中することができなくなれば、人間関係がつくれない」

――PCBのほかに何が問題ですか。

「まずダイオキシンです。DDTなど殺虫剤や、プラスチックに含まれているビスフェノールAも心配です。しかし、これはランプの下の明かりだけを見ているようなものです。身の回りにはほかにも化学物質がいっぱいあります。商業目的で作られた化学物質は八万七千種類あり、一万五千種類がよく使われています。人体には五百種類が蓄積されているでしょう。いずれも二十世紀の初めには人間の体内になかった。人類はいま、化学物質による汚染の脅威にさらされています」

3　ヒ素汚染の恐怖

安全な水を飲めない十一億人

「水関連の病気で子どもが八秒に一人ずつ死亡している」

「途上国の五〇パーセントの人たちは水関連の病気で苦しんでいる」

二〇〇三年に日本で開かれた「世界水フォーラム」の資料にはこうある。世界では、途上国を中心に十一億人が安全な水を利用することができていない。その典型的な例が地下水のヒ素汚染である。

ヒ素は一九五五年の森永ヒ素ミルク事件や九八年の和歌山カレー毒物混入事件で、その毒性が一般にも知られている。二〇〇三年には、茨城県神栖町《かみすまち》の共同井戸から高濃度のヒ素が検出され、改めて関心が強まった。井戸からは水一リットル当たり四・五ミリグラム（四・五ｐｐｍ）のヒ素が検出された。環境基準（〇・〇一ミリグラム）の四百五十倍である。井戸水を口にしてきた幼い男の子は発育が遅れ、少女は体が震えて夜も熟睡できない。そんな健康被害が出ている。戦時中の毒ガス兵器が原因物質と疑われている。

こうした事件は論外としても、ヒ素は地球の自然界にも広く眠っているだけにやっかいだ。へたにそれを起こすと、怖い存在だ。そのヒ素が近年、地下の眠りから覚め、各地の井戸水に溶け出してきている。

メコン川流域の汚染

バングラデシュ、インド、中国……。最近は、ヒ素汚染がネパールやカンボジア、ベトナムなど、アジアの大地に広く浸透していることが分かってきた。

測量や地質調査などを手がける会社・国際航業の柴崎直明さんはこのところ、東南アジアを回る機会が多い。国際協力事業団（現 国際協力機構 ＪＩＣＡ）の委託や会社独自の仕事で、ヒ素汚染の実態を調べているのだ。二〇〇一年七月には、ベトナム南部へ飛んだ。メコン川流域のカンボジア国境に近いまち・カオランの農村部で井戸水を測って驚いた。

「白い試験紙がドバーッと、あっという間に茶色っぽい赤に変わってしまい、驚いた」

試験紙は、変色具合でヒ素濃度が分かる。濃度の低い方から薄い黄色、濃い黄色、オレンジ、赤となる。ふつうは五分ほどたって変色するが、この時は三〇秒で色が変わった。濃度は水一リットル当たり一・〇ミリグラム（一ｐｐｍ）以上である。世界保健機関（ＷＨＯ）や日本の環境基準の百倍、ベトナム基準の二十倍を超えた。

「ありましたか」

一緒にいた政府の研究者はため息を漏らした。北部ではすでに汚染が見つかり、南部も心配されていたのだ。ヒ素中毒の患者は見なかったが、集まった農民たちからは不安の声も聞かれた。

「そう言えば、その水を飲んでいた井戸の持ち主はがんで亡くなった」

原因は分からないが、あり得ないことではない。中毒症状はさまざまだが、皮膚や内臓のがんを誘発する恐れがあると言われる。その一帯では結局、五カ所の測定で、三カ所がベトナム基準を、四カ所がWHO基準をそれぞれ上回った。

釈迦の生母の故郷も汚染

ネパールでヒ素中毒患者に会ったのは、上野登・宮崎大学名誉教授だ。九州を足場に発展途上国を助ける活動をしている非政府組織（NGO）「アジア砒素《ひそ》ネットワーク」の代表である。

南部のタライ平原で二〇〇二年三月、三十歳くらいの男の人に出会った。片手には、黒い豆粒のようないぼが十個近くもあった。患者宅の井戸水は、ヒ素濃度がWHO基準の百倍だった。

上野さんによると、ヒ素はヒマラヤなど山岳地から気の遠くなるような年月をかけて川を伝い、下流域の地下にたまった。それが何らかの原因で地下水に溶け出し、アジアのヒ素汚染をもたらしたとみられる。

「過剰な農業開発や井戸掘りラッシュが地下の環境を変えたことが、背景にはある」と語る。

上野さんたちのNGOは長くバングラデシュで活動し、近年は周辺諸国の汚染も精力的に調べている。事務局長の川原一之さんも二〇〇三年にネパールを訪れた。同年四月十九日付の朝日新聞夕刊（西部発行版）にその体験を寄せているが、それによると、川原さんもタライ平原の村にある井戸水から〇・六ｐｐｍのヒ素を検出した。ベトナムの飲料水基準の十二倍になる。その村は釈迦の生母の出身地と伝えられるところだ。汚染はそんなところにも広まっている。

タライ平原の農業開発が始まったのは一九八〇年以降。いまは一千万人がその平原に住み、九〇パーセントが井戸水を飲んでいる。五十世帯三百人が暮らすある村では、大半の井戸にヒ素が含まれ、四十九人の患者が確認されていると、川原さんは書いている。

村の半数が中毒患者

私もヒ素患者に会ったことがある。

二〇〇一年、中国の内モンゴル自治区を訪ねた時である。五原県勝利村で会った楊増福さん（七二）は私を見るなり、ベッドの端ににじり寄り、両足を突き出し、話し出した途端に涙ぐんでしまった。両足の裏はでこぼこだ。びっしり張りついた硬い魚の目のようないぼ。それは石のように硬い。しゃがれた声が涙でかすむ。

「じっとしていればいいが、動くと痛い」

典型的なヒ素中毒だ。特効薬はなく、皮膚がんや内臓のがんへと進む心配がある。症状が出てからざっと二十年になる。できものは増えるばかりで、十年ほど前からは痛くて畑仕事もできない。二十歳と十五歳の孫娘にも、背中や手にぶつぶつができ始めていた。家族は長年、自宅の庭にある手押し井戸から水をくんで、飲み続けてきた。その井戸水がヒ素で汚染されていたのだ。

「どこまで体が悪くなるか。不安で、夜も眠れない」

そう語るのは楊さん宅の土間に入って来た張金鎖さん（三〇）だ。手のひらは、硬い手袋のようだった。

汚染は地区の住民三百五十人の半数にもなる。そこは、日本のアジア砒素ネットワーク会員、横井英紀さんらの協力で安全な井戸を掘って、それを水源に簡易水道を整備するなど、まだしも対策が進んでいるところだ。台所に入ると、嫁の韓玉蓮さん（四二）が水道の蛇口を回してほほ笑んだ。楊さん一家はいま、その水を飲んでいる。汚染井戸は洗濯用にだけ使っている。

「勝利村は、安全な水を手にした。でも、ほかは……」

村の衛生担当、趙冬雲さん（四五）はなお汚染水を飲むほかの村を心配していた。自治区政府も水道づくりを進めているが、資金不足で追いつかない。なお汚染水を口にしている人は少なくない。五原県の衛生担当者によると、ヒ素中毒患者は五原県だけで七百人にのぼる。田舎の人は医者にかからない人も多いため、隠れた患者は相当いるだろう。しかも、これは一つの県だけの数字だ。

過剰な農業開発が背景に

五原県は、内モンゴル自治区の黄河流域に開ける可套《かとう》平野にある。汚染は五原県以外の平野にも広く点在している。平野の広さは東京都の六倍。一九四九年の新中国建国後、黄河から大量の水を引き、次々と井戸を掘って、有数の穀倉地帯に一変した。だが、豊かさを享受するはずが、思わぬ病を抱えてしまった。

「なぜ、こんなことに」

農民たちの嘆きは深い。

「農業開発で多量に潅漑用水を引いたことが地下の自然条件を変え、眠っていたヒ素を起こしてしまった」

と、この地方を調査した中国地質環境観測院の高存栄博士はみる。

北の狼山にあったヒ素が長い年月をかけて地下水に溶けて下り、南の黄河にぶつかってたまった。平野の地下にじっと眠っていた。そのヒ素が起きたのだ。

もっとも、自治区政府は

「昔も井戸水にヒ素はあったはず。分からなかっただけです」

と見解を異にする。だが、そうだとしても人口が増え、農業開発を進めたことは事実である。黄河から大量の水を引き、次々に井戸を掘った。それが自然のリズムを狂わせ、汚染を広げた可能性は十分あり得る。そうだとすれば、激しい開発の波に自然が逆襲に転じたとも言えよう。

がん患者激増の予測

それは中国だけにとどまらない。インドやバングラデシュもまた、人口増で、あるいは経済的な豊かさを求めて農業開発を急いできた。ガンジス川から多量の水を引き、効率の生産を成し遂げた。一方では、感染症を防ぐために、国際機関の勧めから多くの井戸も掘られた。ところが、安全と思われたその井戸に落とし穴があった。地下にたまっていたヒ素が、地下水に溶け出していた。

世界水フォーラムの資料によると、バングラデシュでは地下水によるヒ素中毒ですでに七千人以上が亡くなった。地下水のヒ素汚染はバングラデシュで二千万人から七千五百万人、インドで六百万人から三千万人の健康に被害をもたらす恐れがある。

アジアの主なヒ素汚染地

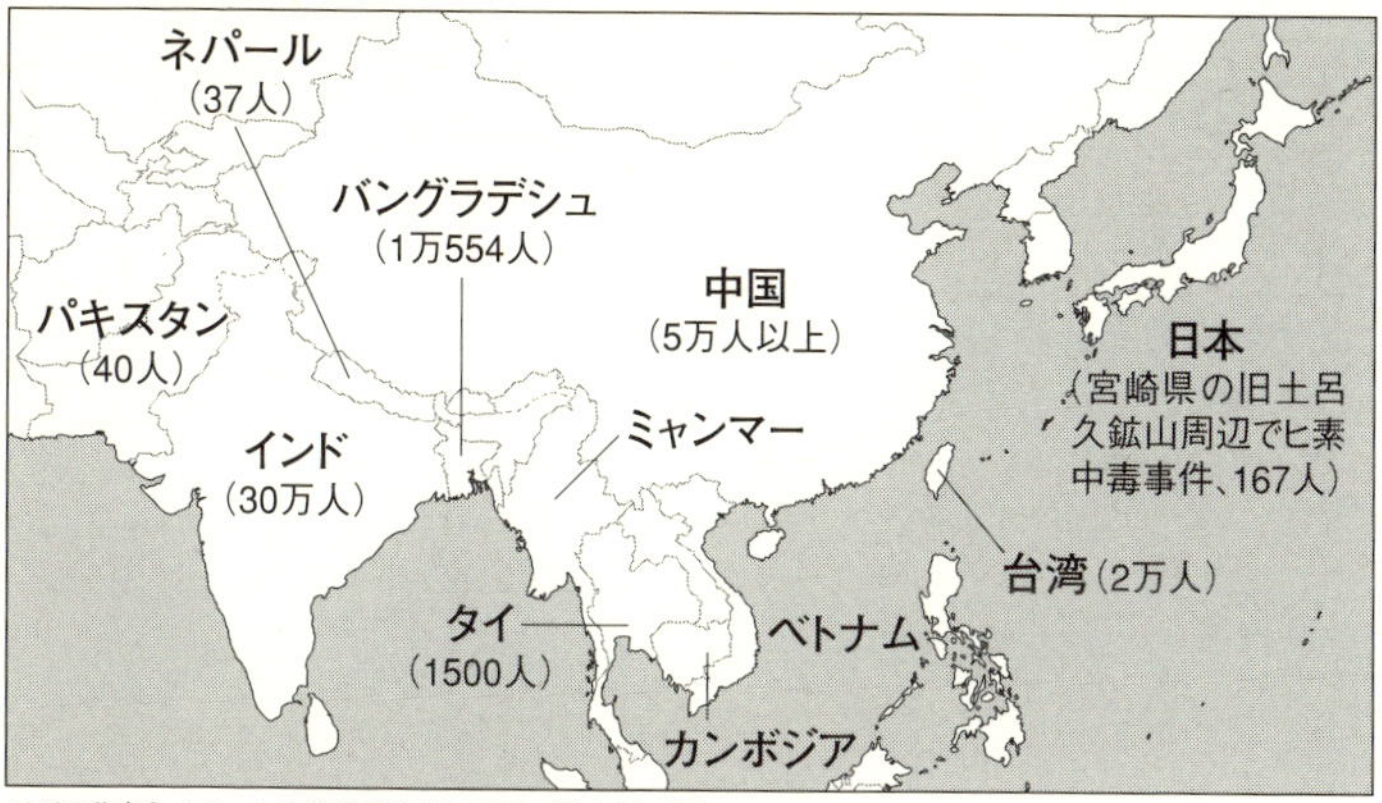

アジア砒素ネットワークの活動報告（2002年12月）などによる。
カッコ内の数字は患者数（推定を含む）。数字のない国は患者数が未確認

アジア砒素ネットワークの活動報告（二〇〇二年）によれば、インドでは政府のヒ素濃度基準（水一リットル中〇・〇五ミリグラム）を超える井戸水を飲んでいる人は六百万人、皮膚症状の出ている患者は三十万人にのぼる。バングラデシュでは汚染水を飲んでいる人は二千五百万人から三千万人と推計されている。患者数は政府発表だけでも一万五百五十四人。中国は四百万人が基準（インドと同じ）を超える汚染地域に住み、一千万人がＷＨＯ基準を超える地域に住む。確認された患者数は五万人を超す。ベトナムでは、ハノイで四百九十八の井戸を検査したところ、四分の一が汚染水だった。

山内博・聖マリアンナ医科大学助教授は二〇〇三年三月二十五日付の朝日新聞で、

「被害は潜在患者を含めインドとバングラデシュで約四千七百万人、中国で約三百万人に及ぶといわれる。他のアジア地域や中南米でも問題となっており、危険な飲料水の利用者の総数は一億人に達する」

と書いている。そのうえで、

「慢性中毒は汚染された水を五、六年、高濃度であれば数カ月飲むことで発症する」

と触れ、ヒ素の発がん性を懸念する。

「各地でヒ素による皮膚がんや肺がんの発症が確認されている。潜伏期間を考えると今後五年から十年以内に、こうしたがん患者の爆発的な増加がアジア諸国で起きると予測されている」

と警鐘を鳴らしている。

汚染地では、各国政府や国際機関、ＮＧＯなどが安全な井戸を掘り、ヒ素除去装置を設けているが、手が回らないのが実情だ。

病になったことについて農民たちに責任はないが、汚染は近代社会が自然をあなどり、過剰な開発を進めてきた報いかもしれない。しかし、その報いを弱い人々が負わねばならないとは何と不条理だろうか。近代はどういう歩みをしてきたか。ヒ素汚染を通し、時代をいま一度問うことが必要である。

4 枯れる地下水、沈む地盤

膨大な地下水のくみ上げ

地球の水の中で、地下水は淡水量全体の三〇パーセントを占める。きれいで身近なその水は古くから利用されてきた。世界資源研究所や国連環境計画など共編の『世界の資源と環境』（二〇〇〇―〇一年版）によると、世界では、年間取水量の二割に当たる六、七千億トンの地下水をくみ上げている。

しかしいま、その過剰な利用が各地で地下水位の低下、地盤沈下を起こしている。『地球白書』（二〇〇〇―〇一年版）によれば、一九九〇年代半ばにおける地下水の過剰くみ上げ量は年間で、インドが最も多くて一千四十億トン、次いで中国の三百億トンとなっている。以下、米国の百三十六億トン、北アフリカの百億トン、サウジアラビアの六十億トンと続く。これらは過剰分で、全体の地下水使用量はこの何倍にもなろう。

日本の地下水の使用量は年に百三十億トン弱。かつては過剰なくみ上げにより地盤沈下が起き、大きな問題になったが、現在はくみ上げ規制が取られ、沈下が収まっている。雨の多い日本は、規制しても代わりの水源を持てるだけ恵まれている。だが、乾燥地では問題が分かっていても、なかなかくみ上げをやめられないのが実情だ。

中国政府の『中国環境状況公報』（二〇〇一年版）は、全国百八十六の主な地下水位の観測カ所のうち六割の地点で地下水位が下がる傾向にあると報告している。公報の二〇〇〇年版は、地下水位の低下が北京や天津など広範囲にわたり、総面積は四万平方キロを超えるとも書いている。日本の九州に匹敵する広さで、部分的に揚水規制の努力はあるものの、依然、地下水位の低下は深刻だ。

地下水の中には、いまよりもっと雨が多かった古代に地下深く蓄えられたものも少なくない。「化石帯水層」と言う。それは石油と同じで、使い切ってしまえばよみがえらせることは難しい。例えば、サウジアラビアにある帯水層では、いまのようなペースで多量のくみ上げを続けるなら、水は二〇四〇年までに枯渇する恐れがあると、『地球白書』は警告している。

インドでは、北西部の穀倉地帯、パンジャブ州やハリヤナ州が深刻で、年に〇・五メートルから〇・七メートルも地下水位が低下している。西部のグジャラート州の一部ではすでに帯水層が枯渇したとも言われる。

米国では地球最大の地下水の貯金箱とも言われる「オガララ帯水層」の水量が年に約百二十億トンずつ減っている。過去の分を合わせると、これまでに三千億トン以上が失われた。この結果、テキサス州など西部地域で潅漑農業を放棄する例が出ている。

地面の不等沈下で傾きだしている大聖堂「カテドラル」(メキシコで)

こうした中で、メキシコは地下水の過剰取水による災いを象徴的に示している。

「復讐」を受けるメキシコ

メキシコ市の旧市街地の広場にそびえるカトリック教の大聖堂「カテドラル」は、国のシンボルだ。石造りの荘厳な構えは信者や観光客を魅了する。だが、二〇〇〇年にそこを訪ね、中に入って驚いた。やぐらのように幾重にも組まれた鉄骨が石柱や天井を懸命に支え、異様な光景になっていたのだ。

広場を挟んで向かい側の市庁舎に、公共事業担当のブエンロストロ長官を訪ねると、長官は冗談を交えて苦笑いした。

「地盤が不等沈下し、カテドラルが傾きかけているから、鉄骨で補強しているのです。

建物はやがて崩れかねない。征服者のスペイン人がアステカ帝国の神殿を壊して造ったために、アステカ人が復讐《ふくしゅう》しているのではないか、と言われていますよ」

そう聞いて、改めて長官室の窓から大聖堂に目をやると、建物が左にも右にも傾きかけているように感じられる。傾きを、市上下水道局のドバリ局長はこう解説した。

「建物の中央は、地中にピラミッド状の固い神殿跡が残っていて、沈下の速度は鈍いが、左右の沈下はひどい。建物は両端に引っ張られるように傾き出しています」

長官の言った復讐という言葉が冗談では片づけられないすごみを帯びてくる。思うに、もし復讐と言うならば、近代の文明人が自然を酷使したことによる自然の逆襲と言えないだろうか。

百年間で八メートル沈む

カテドラルを崩壊の危険にまで追い込んだのは、市が地下水をくみ上げ過ぎた結果にほかならない。

「地下水位が下がり、粘土質の地盤は水分を失って砂状になって沈んでいっています」

ドバリさんはそう続けた。

広場の沈下は、過去百年間で八メートルにも達する。わけても第二次世界大戦後の半世紀は六メートルも沈んだ。

困ったことに、沈下は地中の地盤の固さにより、均等には進まない。街を歩くと、不等沈下であちこちの道路が波打ち、表面にはひびが走っている。

市内には、塔のように人の背丈の三倍も浮いた格好の井戸がある。周りの土地が沈んだために、固い地盤に乗っていた井戸だけが残ったのである。

周りの地面が沈み、固い地盤が乗った井戸だけが残り、浮き上がった形になった（メキシコで）

井戸はすでに枯れ、一九六五年に使用をやめたが、土地の沈下は止まらない。他の地域で水の過度なくみ上げが続いているからである。地下水は地中でつながっている。広い範囲でくみ上げを規制しない限り、沈下は防止できない。
原因が分かっていても、くみ上げを抑えられないのは、市周辺を含めた人口が爆発的に増え続けているからである。二十世紀初めに五十万足らずだった人口は、二千万にも膨れ上がっている。

水の豊かな地だったが

市上下水道局のグアッシュ課長によると、首都圏の水使用量は毎秒六十二トンで、水源の五七パーセントは地下水である。

水のくみ上げ過ぎを改善しようとすれば、少なくとも毎秒十二トン分の水が不足する。仮にダムで補おうとすれば、岐阜県で建設が進む総貯水量日本一の徳山ダムと同じ程度の水資源開発をしなければならない。それは自然への影響が大きい。巨額の投資を必要とする。海外の先進国に多額の借金を抱える国にとって、その財政負担は軽くない。

川にはすでに十七のダムがある。その一つを見学に行った先で、担当者は語った。

「この辺りは樹木や草原だったのですが、見てください。いまはいっぱい家が建っているでしょ」

人口増はダム周辺にも押し寄せている。それに伴う水需要の増加に対応するには、少しくらいダムを造っても間に合わない。結果、くみ上げ過ぎを承知のうえで、地下水に頼らざるを得ないと言える。

首都は標高二〇〇〇メートルの高地の盆地に位置する。周囲には高さ四〇〇〇メートルか

わき水が細り、下水処理水から補給を受ける世界遺産のソチミルコ湖（メキシコで）

ら五〇〇〇メートルの山々が連なり、山の水は盆地に集まり、地下にしみ込む。昔は大きな湖もあった。地形から言えば、本来は水の豊かな地である。だからこそ、かつてアステカ帝国が栄えた。

それが、十六世紀に帝国が滅亡した後は、湖が埋め立てられ、樹木が伐採され、水を養う場が狭められていった。そのうえ、近代の都市はコンクリートで固められ、雨水は地下にしみ込まない。かつてに比べ、地下水の補給は十分でないのだ。その一方で、くみ上げは九百の井戸で絶え間なく続く。地下水脈は細くなって当然である。すでに枯れた井戸も少なくない。

世界遺産のソチミルコ湖は、水源のわき水をほとんど失ってしまった。湖面に野鳥たちが集う光景からは想像できないが、いまでは代わりに、近くの下水処理場の処理水に依存しているのが実情である。

街を案内してもらった市の公報担当者はつぶやいた。

「わき水どころか、温泉も出なくなった」

このままいくと、やがては地下水が枯渇する心配さえある。

上下水道管はひび割れ

不等沈下で、水道管はあちこちでひび割れし、水が漏れている。浄水場からの水は家庭に届くまでに三〇パーセントが失われる。これがまた、過剰なくみ上げの原因となる。

「これでも数年前よりは改善された方だ」

こう言うのは、漏水対策を担うメキシコ市水委員会のロダルテ会長だ。以前の漏水率は四〇パーセント近かった。

水道管はどんな国であれ、つなぎ目などから水漏れを招く。いまの技術では、漏水を完全に防ぐことは難しい。とはいえ、日本の都市ではふつう数パーセント程度である。

市は漏水率を何とか下げたいと、水道管を新しい樹脂製のものに交換していた。柔軟で折れにくい。私が訪ねた時には五十キロで工事を終えたところだった。ロダルテさんは自信を込めて言った。

「新しい水道管なら簡単に割れることはないでしょう。漏水率は下がりますよ」

そうであればいい。漏水防止は有効な節水である。といっても、水道網は総延長が一万二千キロに及ぶ。対策には長い年月と多くの費用、労力を要する。

不等沈下の影響は下水道にも出ている。下水管は破れたり曲がったりして、汚水をうまく流せない。大雨の時は水がはけず、しばしば水害を招く。二〇〇〇年夏も、市周辺が水浸しになり、数万人が被災した。

水道管を地盤沈下に強いものに交換している工事現場（メキシコで）

下水道は市内の大部分に整備されているが、し尿や生活雑排水の多くは未処理のまま農業用水として利用されたり川に流されたりしている。水質の悪い水は地下を汚す。地盤沈下で壊れた下水管からも、汚水は地下にしみ込む。これに、ごみの不法投棄や産業排水の浸透が加わって、地下水がさらに汚染される。井戸水を直接飲んで腹をこわす人は少なくない。

汚染される地下

市内にある国立工科大学の研究者・カステランさんによると、胃腸病によって死亡する五歳未満の子どもは国全体で十万人のうち二百人にのぼる。市内はこれより数字が低いが、先進国に比べ、子どもの死亡率は高い。

メキシコ政府や市は日本や米国の融資も受け、下水処理場を造ったり、下水管の整備を進めたりしている。地盤沈下でもゆがまないようにと、直径が六・五メートルにもなる巨大な下水管も地中深く建設されている。

問題はメキシコの財政力である。カステランさんは語った。

「巨大な下水管と処理場を合わせると、費用は九億ドルにもなります。メキシコ市の年間予算に匹敵する借金をして、大丈夫でしょうか。小規模でいいから、わが国に合った対策を工夫すべきでしょう」

市は下水を水道並みの水質に高度処理し、地下に注入することも検討している。地下水の補給とくみ上げのバランスを取り、地盤沈下を止めようというのだ。これにも、財政面や環境面から批判がある。さまざまな対策や論議はそれだけ事態が深刻である証しだ。

ビル街にある独立記念塔は、足元に高さ二メートルほどの階段がある。観光客には分からないが、階段は周りの地面が沈んだために塔を補強して設けられたものだ。記念塔もまた、この街のもろさを物語っていた。

人口増で地下水をくみ上げる。すると、地盤が沈下する。水道管が壊れ、水が家庭に十分届かないので、さらにくみ上げる。下水管が壊れるので、汚水が漏れる。それは地下を汚染する。大雨の時は下水道から水があふれて街は水害を被る。水害、汚染、水不足。それらは互いにつながって、水の危機を一層深刻にする。

そうした危機の連鎖はメキシコにとどまらず、世界のあちこちに見られる。開発に伴う悪循環と言えるだろう。

◆中国「泉城」のわき水

中国山東省の省都・済南は「泉城」と呼ばれ、あちこちに泉がある。その数、「七十二名泉」。南には孔子や孟子も登った世界遺産の泰山《たいざん》がある。山系に降った雨が地下にしみ込み、街でわき出すのだ。

二千年の歴史を伝える「趵突泉《しやくとつせん》」は「天下第一泉」と、清朝全盛期に君臨した第六代皇

帝・乾隆帝をうならせ、街のシンボルになっている。全体が公園になっており、テニスコートを丸くした程度の水面のわきには、清朝の第四代皇帝・康熙帝が筆をとった石碑が立っている。

「激湍《げきたん》」

と書かれている。激しく水が噴き出す様子を表現したものである。しかし、二〇〇一年夏に見たその泉は水面に揺れもなかった。

「地下の水位が四メートルも下がったため、水の力が弱まった。泉の水はポンプでくみ上げて補給しています」

若い女性の案内係は申し訳なさそうにつぶやいた。自然のわき水は九九年から勢いを失っていた。公園内にはほかにも小さな泉が幾つもあるが、あちこちで枯れ、泥の底をのぞかせたものもあった。

市中心部の人口は一九六〇年代に六十万人から七十万人程度だったのが百八十万人にも増えた。それにつれ、地下水のくみ上げ量は倍に膨らみ、わき水が減ったのだ。

市は二〇〇〇年に鵲山《じゃくざん》ダムを、二〇〇一年には玉清湖ダムを黄河沿いに造り、地下水のくみ上げ規制に乗り出した。ダムは別の環境問題も引き起こすが、ともかくこうした対策が効果を上げ、いまではわき水が戻っている。過剰取水を戒めることがいかに大切か物語っている。
泉はかつて、水が高さ一メートルも跳びはねたことがある。いまのわき水にそれほどの勢いはなく、過剰取水の後遺症は小さくない。

5　文明を映す湖沼

消える湖

滋賀県琵琶湖研究所は琵琶湖を見続けていることはもちろん、日本と世界の湖沼を広く研究している大変ユニークな機関だ。私もこれまでに随分お世話になった。その研究所がまとめた『世界の湖』（増補改訂版）を読むと、人間活動が湖を危機的な状況に追い込んでいることが分かる。

代表的なものは中央アジアのアラル海の縮小だ。砂の上にさびついた古い漁船が座っている写真がメディアでしばしば紹介されるが、湖岸がどんどん後退したために、船だけが残ったのだ。干上がったところは直線距離で百五十キロもある。湖面は六万平方キロを超え、世界で四番目に大きかったが、四十年余りの間に半分に縮んでしまった。

シルダリア川、アムダリア川という大河が湖の水源だったが、その流入水が極端に減ってしまったためである。旧ソ連時代、両河川流域で農業開発が進められ、綿花などの大農業地帯が生まれた。そこを潅漑するために、川から大量に水を引いたことが川を細めることになった。塩気のあった湖は水量が減ったことで、塩分濃度が濃くなり、ほとんどの魚は死滅した。干上がった湖底は砂漠のようになり、そこに集積していた塩分を砂嵐が巻き上げ、農作物に被害を与えている。やがて湖は消滅するとみられる。

ネパールでは観光地ともなっているフェワ湖が毎年七ヘクタールずつ縮み、このままでは半世紀余りで消えてしまうと心配されている。周囲の森林伐採によって土砂が流れ込みやすくなっているためだ。

私が訪ねた中国の洞庭湖も、消滅が懸念されている代表的な例である。


昔聞く洞庭の水／今上る岳陽楼……

唐代の詩人、杜甫《とほ》は有名な「岳陽楼に登る」という詩で、湖畔の楼に上り、大河・長江がつくる中国第一の淡水湖、洞庭湖の雄大な眺めに心を打たれ、こう詠んだ。千二百年以上前

水位が大きく下がり、支柱が浮き上がった建物（中国の青海湖で）

のことである。

だが、その同じ楼に立った時、洞庭湖は意外に小さく見えた。

前掲書によると、洞庭湖はここ二百年近くの間に、相次ぐ干拓のほか、長江から大量の土砂が流れ込んだことで、三分の一に狭まった。面積も中国で二番目に落ちた。長江上流域で無秩序な開発が進められたことと無縁ではない。現在、淡水湖で最も大きいのは洞庭湖より長江下流域にある鄱陽《はよう》湖だ。もっともこの鄱陽湖は長江の水位によって大きく変動し、渇水期は湖底が露出する。

干上がる中国最大の青海湖

淡水湖ではないけれど、鄱陽湖より大きい中国最大の湖は中国西方の青海省、チベット高原の東端にある青海湖である。塩分のある湖で、日本の琵琶湖の六倍以上の大きさだ。それもしかし、二十世紀中に水位が十一メートル以上も落ち、急速に縮んでいる。訪ねたその湖の中には、かつて軍用に使われた施設が残る。水位の低下で、建物を支える何本もの柱は水面上に浮き上がり、その分だけ床を持ち上げた格好になっている。

「床が空中に上がってしまい、船を横づけして建物に上がることもままならない」

と、案内してくれた省政府の広報担当者は言っていた。

水際が退き、湖の周りは乾き、草木のない土地が広がっている。風の強いときには砂が舞い上がり、近くの農村を襲っている。

「水位が一ミリ落ちると、一万ムー（約六百七十ヘクタール）の湖底が露出する。それが乾き、強い風の時は流動砂丘のようになって動き出す。周辺に舞い上がり、農民に脅威となっています」

と省政府の担当者は語った。

この湖は鵜《う》やカモメ、白鳥など野鳥の宝庫だ。水位低下で、それら鳥たちの生息地への影響も懸念されている。

岸から湖の中に半島となって突き出た陸地を先っぽまで行くと、そこにはカモメなどたくさんの鳥が群れていた。この半島、実は水位低下で出現したものだ。かつては半島の先っぽだけが「鳥島」という島で、野鳥のすみかになっていた。陸とつながったことで、観光客は行きやすくなったが、それだけ人間の影響も受けることになったと言える。

水位低下の原因として省政府が第一に挙げるのは、地球温暖化である。省内では、三十年間で平均気温が一度上がり、湖面からは水分が激しく蒸発している。湖に注ぐ川や湿地も枯れ、集水域の草原も退化している。

「温暖化に加え、水の過剰な利用で、中国では湖全体の五分の一がすでに水が枯れたか、枯れる寸前です」

中央政府の国家環境保護総局幹部はこう現状を語った。

モンゴルでは湖が膨らむ

ややこしいのは縮む湖が多い中で、逆に膨らむ湖も出ていることだ。これも地球温暖化の影響とみられている。中国の北隣の国・モンゴルでそんな膨張する湖を見続けているのは、琵琶湖研究所の総括研究員・熊谷道夫さんだ。そこで起きている異変が気になり、このところ毎年のように現地に通う。

その湖はロシア国境に位置するフブスグル湖だ。モンゴル最大の湖だが、水位が一九六〇年代に比べて六十センチも上がり、膨らみ続けている。膨張する水の圧力は湖岸の土を削り、湖岸のカラマツを足元からすくい、水中に引きずり込んでいる。

「このままいくと、雨の多い時は周辺にあふれ、被害を及ぼす恐れがある」

と熊谷さんは心配する。

この地方の気温は三十年間で二度近く上がった。そのために、湖が水を吸収する集水域の氷河や地下の永久凍土が解け出し、地下水となって湖に流れ込んでいるらしい。永久凍土とは一年中、地下が水とともに凍結している土のことである。それがちょうど皿のように雨水を蓄え、夏には地表近くだけ解け、木や草を成長させる。しかし、その凍土が地下の深いところまで解け出したようなのだ。

一般的には気温が上がれば、水分の蒸発が増え、湖は縮みそうだが、この湖が膨張しているのは凍土という水の貯金をどんどん引き出しているためである。

とはいえ、永久凍土という貯金が細れば、それに頼る地面は潤いを失う。そこを、温暖化による水分蒸発が襲うとどうなるか。植物の成長が阻害され、砂漠化が進む。実際、モンゴル各地では、小さな川や浅い湖が枯れ出し、草原の退化が進んでいる。

琵琶湖研究所の若手客員研究員だったモンゴルのハドバータルさんは、

「昔は十センチから二十センチあった草の丈が、いまは五センチほどしかありません。牧畜民は『草の背が低くて、鎌で刈ることもできない』と嘆いています」

と教えてくれた。

草原の衰えは過剰な放牧や農業開発にもよるけれど、地球温暖化の影響は決して小さくない。草原退化は砂漠化の一種だ。それは水を養う土地の機能を弱らせる。水はさらに減る。悪循環がめぐり、大地の荒廃と水枯れが一層進む。そうした悪循環を鏡のように映し出しているのがモンゴルや中国の巨大湖だ。その異変は地球温暖化と水危機への警鐘だ。

五大湖の汚染

米国のシカゴは高層ビルが林立する大都市だ。街を歩いて、心が安らぐ場所がミシガン湖畔だろう。一九八〇年代に訪れた時、湖畔の公園に立ち、湖面に浮かぶ数百そうのヨットを眺め、何て広いのだろう、と感心したものだ。日本の琵琶湖の八十六倍もある。有名な五大湖の一角を占め、カナダとの国境に位置する。水際の緑とビルが調和した美しい湖である。

その湖がしかし、電気器具の絶縁に使われていた化学物質のＰＣＢにより汚染されていることを後に知った。近年はＰＣＢが野生生物や人間の体内に蓄積され、成長や生殖のホルモンに影響を与えているのではないかと指摘されている。環境ホルモンとしての作用である。シーア・コルボーンさんらが書いた『奪われし未来』には、ミシガン湖の小動物ミンクの異常が記されている。雌が子どもを生まなくなったのだ。原因はＰＣＢにあると疑われている。

環境ホルモンは最初、プランクトンに入り込み、魚、小動物と、食物連鎖によって体内に蓄積され、長い時間をかけて少しずつホルモン作用を乱してゆくと考えられる。ミシガン湖ばかりか、五大湖は現在、浄化の努力が続けられ、一時より改善されたと言われる。けれども、汚染の遺物は容易に消えない。

「湖に生息する魚たちの体内にまだ残留性化学物質が残っている」

とミシガン湖畔出身の米国の研究者は『世界の湖』の中で書いている。化学物質に汚染された湖は五大湖ばかりではない。

世界の湖沼は水枯れにとどまらず、汚染も深刻なのである。

近年は生活雑排水の流入による汚れが目立つ。汚濁物質が多くなると、湖の栄養分が増え過ぎる「富栄養化」という水質悪化をもたらす。日本を含め、世界各国の湖に共通する悩みである。

雲南省の危機感

中国南端の高原地帯にある雲南省は長江やメコン川の上流域に当たり、元来は水がきれいで豊かなところだ。大きな湖だけで九つもある。そんな地でも最近は、開発の影響で水質悪化が広がっている。

省都・昆明にある滇池《てんち》（別名・昆明湖）は、古来から多くの人々を引きつけてきた。それがいま、湖面は濁り、岸辺には汚染の指標とも言える藻類がびっしり張りついている。二〇〇二年にこの省を訪れた時に案内してくれた中年の運転手、葉建軍さんはこうつぶやいた。

「子どものころはこの湖でよく泳いだものですが、もう水に入る気になりません」

中国政府の水質分類では最悪の「超五類」である。飲み水はもちろん、工・農業用の水源としても使えない汚染度なのだ。

原因は人口増や生活の近代化で、生活・農業排水がどっと流入したことにある。おまけに大雨が降ると、周辺の山からは土砂が流れ込む。水土流失だ。それも湖を濁らせる。山が農業開発などで緑を失った影響もある。

運転手の葉さんは滇池の代わりに、近年はもう少し南東へ行った玉渓市の撫仙湖へ泳ぎに行っている。そこは湖底が深く、水量が豊かなため、水質分類では最上の一類だ。

しかし、その澄んだ水も、地元の人の目には変わってきたと映る。

「一九八五年には八メートル底まで見えましたが、いまの透明度は四メートルです」

市の水質責任者・梅正平さんの観測だ。周りに農地が広がり、れんがや土で造った家が並ぶ。湖を取り巻く集水域の人口は九〇年代初めに比べ、十五万人増え、五十五万人になった。湖岸に点在する小さな集落には、満足な下水処理場さえもない。

「台所や洗濯機、トイレの汚水はそのまま湖へ流しています」

湖北部の新河口村に暮らす農民、畢忠福さん（四六）はそう漏らしていた。

湖は年に百万をゆうに超す観光客を集め、湖畔にはホテルやレストランがざっと七十も立ち並ぶ。中には汚水処理の不十分な施設もある。その影響も無視できない。

こうしたことから、省政府が決断した環境保全策は湖岸からの住民移転だ。湖岸から離したところに住宅をまとめ、汚水処理をしやすくしようというのである。二〇〇一年から始め、二〇〇五年までにざっと五百世帯を移転させる計画だ。補償金は一世帯平均十万元（約百五十万円）。ホテルやレストランも減らしてゆく。

農業排水の浄化対策では、アシや竹などから成る人工湿地をつくった。

「処理場に比べ、半分以下の費用で済む。浄化能力も高い」

と市の梅正平さんは語った。

まだまだきれいな湖なのに、汚れる前に手を打とうという先手必勝策を省政府が採用したのは、滇池の苦い経験があったからだ。

「滇池のようにしてはならない」

という省政府の危機感の表れでもある。

地球環境の視点で

日本では一九八四年に湖沼法が制定され、琵琶湖や霞ケ浦など十の湖が緊急対策地に指定され、下水道を整備するなど対策を進めてきた。だが、水質の指標となる化学的酸素要求量（COD）の環境基準は依然、達成できていない。汚水は道路などからも広く入り込み、開発に伴う汚染源が拡大しているのだ。湖上や集水域に降る雨も汚染源になっていることも分かってきた。車などが吐き出す窒素酸化物で大気が汚れ、それを雨水が吸収し、湖にもたらすからだ。

最近の琵琶湖研究では、地球温暖化で降雪が減り、酸素の多い雪解け水の流入が少なくなっていることも明らかになった。湖の酸素不足の一因となり、生態系にも影響する。

湖はよく文明の鏡と言われる。世界各地の状況に違いがあるとはいえ、私たち人間の活動のひずみを湖面にそのまま映し出す。地球温暖化、過剰な開発。地球環境全体に目を向けないと、湖の病は治らない。

湖は生活や農業の水を賄うばかりか、魚や鳥たちのすみかにもなる。人々に潤いをもたらす。むろん観光資源にもなる。その価値は多様で、計り知れない。近代を問う中で、その価値を再認識すべきである。

枯れる月牙泉

病んでいるのはわき水によってできた各地の泉も同じだ。タクラマカン砂漠東端に位置する中国甘粛省敦煌の月牙泉は過去三千年、枯れたことがないと伝えられ、古来から詩にも詠まれ、多くの旅人を引きつけてきた。だが、二〇〇二年に訪ねた私に、管理所副主任の王建書さんはこう嘆いた。

「わき水が激減し、泉は一九五〇年代に比べて、三分の一に縮んでしまった」

敦煌一帯は雨が少ない砂漠地帯にあるが、南にそびえる祁連《きれん》山脈の雪解け水が多くの泉や湖をつくってきた。だから、オアシスとして栄えてきた。それが近年は、次々に枯れ出している。失われた湿地は七〇年代以降、四万ヘクタールに及ぶ。日本の霞ヶ浦二つ分以上だ。

「干ばつや地球温暖化で水分蒸発が激しくなったこと、人口増に伴って農業・生活用水を過剰に使っていることが原因です」

と副市長の李嘉樹さんは語った。

わき水が細り、小さくなった月牙泉（中国の敦煌で）

6　飢餓大陸・アフリカ

四千万人に深刻な飢え

世界では八億以上の人々が空腹のまま眠りにつき、そのほとんどが女性と子どもだ。国連の援助機関、世界食糧計画（ＷＦＰ）がそんな説明をつけて作った地図がある。「ハンガーマップ」（飢餓の地図）と言う。

国連食糧農業機関（ＦＡＯ）の二〇〇二年調査に基づき、栄養不足人口をまとめたものだ。地図上に赤く塗られている部分は、人口の三五パーセント以上が栄養不足に陥っている国々である。エチオピア、ニジェール、ケニア、ソマリア……。ずらりとサハラ砂漠以南のアフリカ諸国が並ぶ。人口の二〇パーセント以上が栄養不足の国々はオレンジ色。スーダン、チャド、マリ、セネガル……と、やはりサハラ以南の諸国が多い。

サハラ以南の栄養不足人口は全部で一億九千万人にのぼる。アジアに比べれば人口が少ないことを考えれば、この数字は異常だ。

二〇〇三年にフランスのエビアンで開かれた主要国首脳会議（サミット）は、「アフリカでは四千万人が深刻な飢餓に直面している」

と、栄養不足人口の中でいますぐに助けを必要としている人々の数字を挙げ、食糧や医薬品のほか、水の供給や衛生面の改善といった緊急の行動計画を採択した。

内戦と砂漠化

これまでにも援助はあった。しかし、この「飢餓大陸」の悲劇は内戦に次ぐ内戦で、きちんとした政府を持てず、援助が十分に生かされてこなかったことだ。一九八三年から八四年の干ばつでは多数が餓死した。

背景には暗い歴史がある。アフリカは欧州諸国の植民地として分割され、人々は奴隷として売られた。大戦後に相次いで独立国が誕生したものの、植民地時代に欧州に勝手に線引きされた国境線が民族の実情に合わなかったことや、欧州に搾取されるばかりで人材が育っていなかった。その結果、民主主義が根づかず、独裁政権による無計画な開発が進められ、内戦も誘発した。

人々は貧しさから抜け出せず、人口ばかりが爆発的に増えた。人口の伸びはざっと年に三パーセント。これは二十年余りで人口が倍になるスピードだ。人々は食べるために木を切り、草原を開墾して農地を広げ、土地を休ませることなく、土中の栄養分と水を奪い尽くす。ヤギやヒツジ、牛を増やし、放牧地の草を根絶やしにする。木も燃料用に切り尽くす。こうし

サハラ砂漠以南で栄養不足が目立つ国々

国	全人口*（100万人）	栄養不足人口（100万人）	栄養不足人口の割合(%)
カメルーン	14.6	3.6	25
中央アフリカ	3.6	1.6	44
チャド	7.6	2.5	32
コンゴ民主共和国	49.6	36.4	73
コンゴ共和国	2.9	0.9	32
ブルンジ	6.3	4.3	69
エリトリア	3.5	2.0	58
エチオピア	61.4	27.1	44
ケニア	30.0	13.2	44
ルワンダ	7.0	2.8	40
ソマリア	8.4	6.0	71
スーダン	30.4	6.5	21
タンザニア	34.3	16.2	47
ウガンダ	22.6	4.7	21
アンゴラ	12.8	6.3	50
ボツワナ	1.5	0.4	25

国	全人口*（100万人）	栄養不足人口（100万人）	栄養不足人口の割合(%)
レソト	2.0	0.5	26
マダガスカル	15.5	6.2	40
マラウイ	11.0	3.7	33
モザンビーク	17.9	9.8	55
ザンビア	10.2	5.1	50
ジンバブエ	12.4	4.7	38
ブルキナファソ	11.3	2.6	23
ガンビア	1.3	0.3	21
ギニア	8.0	2.6	32
リベリア	2.7	1.0	39
マリ	11.0	2.3	20
ニジェール	10.5	3.8	36
セネガル	9.2	2.3	25
シエラレオネ	4.3	2.0	47
トーゴ	4.4	1.0	23

*人口データは1998−2000年（WFP『ハンガーマップ』より）

て土地は砂漠化してゆく。

そこに相次いで干ばつが襲う。時には逆に洪水が起き、栄養分のある表土を流し去ってしまう。自然はさらに劣化し、人々は一層貧しくなる。土地や水をさらに過度に利用して細らせる。砂漠化が砂漠化を進める。そんな悪循環がこの大陸を覆っている。

砂漠化は地域の気象に影響し、それがまた干ばつを誘発する。加えて、先進国が二酸化炭素を出し続けた結果の地球温暖化。それによる気候変動も無視できない。過酷な気象条件もアフリカを直撃している。

そんな危機にみんなが協力して立ち向かわねばならないのに、悲しいことに相変わらず内戦、紛争が続く。

二〇〇四年五月、スーダン西部で政府軍の

支援を受けたアラブ系民兵がアフリカ系黒人住民を殺害、女性を強姦《ごうかん》したという内容が、国連人権調査団から安全保障理事会に報告された。この国ではアラブ系住民が政府を握り、イスラム教徒でアラブ系住民の多い北部とキリスト教徒で黒人の多い南部が対立し、内戦が続いていた。それがようやく停戦となった矢先の新たな内戦だ。非戦闘員を中心に一万人以上が犠牲となった。百三十万人が家を失い、十一万人の難民が隣のチャドに流入したと報道された。

アフリカの悲劇は、こうした戦争や自然災害の時しかなかなかニュースにならないことにもある。サミットでいくら深刻さが語られても、世界から忘れられ、取り残された大陸なのだ。スーダンのニュースに接し、一九九七年暮れに私がその地を訪ねたころと何も変わっていないと痛感した。

首都を取り巻く難民

スーダンの首都ハルツームは、南から流れてくる白ナイル、青ナイルの川が合流し、一本の大河ナイル川となるところにある。ホテルのほか、背が高い建物はなく、夕日が広い空と水面を焦がして美しい。岸辺には、英国の植民地時代を思わせる官庁の建物が並ぶ。だが、そこを中心に、街は外へ円を描くにつれ、貧しさを増してゆく。

夕日に輝く青ナイル川（スーダンのハルツームで）

砂の道を車で東へ三十分。私は粗末な家並みに気をとられているうち、いつか、泥やわらの小屋がぎっしりくっついたところに足を踏み入れていた。難民キャンプだった。

「突然、家に爆弾が落ち、三歳の娘、五歳の息子を目の前で亡くした。六歳の息子は、畑に埋められていた地雷の犠牲になった」

そうつぶやいたマーガレットさん（四〇）は、竹で囲っただけの難民支援センターで古いミシンを踏み、自活の道を探っていた。夫と生き別れ、七年前に六人の子を連れ、スーダン南部から逃れてきた。

「ふるさとに戻りたいが、地雷があっては農業ができない」

と悲しげだった。

南部難民の若い女性、サンドラさんの体験

には胸を突かれた。

「家に火をつけられ、おじいさんが焼かれ、牛を奪われた」

政府の暗黙の支援を背にしたアラブ系民兵の暴力、略奪だったとみられる。二〇〇四年に西部で起きた内戦と同じ構図だ。

スーダン西部から来た女性（二〇）は、

「干ばつで食べられなくて」

と、センターの後方から声をかけた。干ばつで水が極端に不足すると、作物は育たず、草も枯れる。家畜も餓死する。人々は漂流せざるを得なくなる。

干ばつと内戦。スーダンの不幸は二つが繰り返されているところにある。これは多くのアフリカ諸国に見られることでもある。

この難民キャンプは、アラブ系の民間団体の援助に頼る。そこで暮らすのは、内戦で家を追われた人、干ばつで食べられなくなった人、国外から流入してきた人たちだ。内戦や干ばつで流れてきた人の場合、厳密には国内避難民だが、国連はそうした人々も難民と同等に扱って手を差し伸べようとしている。

「あらゆるものが足りない」

十二台の中古ミシンを前に、難民支援センターの世話役マリさんは訴えていた。彼女は少女だったころに南部の内戦で両親、祖父を失った難民でもある。

幼稚園、学校は一つずつ。トイレは、市民でつくる環境保護協会というグループが最近つくったものぐらいだ。それも、れんがで囲っただけの建物だった。

目を襲う栄養失調

難民支援センターの青空調理場では、ちょうど幼稚園の給食をつくっていた。煮豆に、イネ科のソルガムの実と大豆を入れたスープだ。盛りつけの皿は洗面器だった。

保健室では、

「最近診た百六十二人のうち、九十二人は栄養失調でした。視力も弱っている」

と医師から聞いた。難民は腹が膨れたとしても、卵や野菜をバランスよく取っていないため、ビタミンが不足しがちだ。とくにビタミンAが足りないと、視力が低下する。

FAOの資料だと、世界では年に二十五万人から五十万人の就学前児童がビタミンAの欠乏で失明し、三分の二は数カ月以内に亡くなっている。アフリカは最も深刻なビタミンA欠乏地域だ。スーダンのように干ばつや内戦が相次ぐところはとりわけ深刻だ。

「干ばつ、水不足がひどくなった七〇年代から、目の不自由な人が増え出した。子どもだと三十四万人もいる」

教育省のアミン次官はそう語った。人口がスーダンの四倍の日本では十八歳未満の視覚障害が五千人弱である。スーダンの異常な数字に愕然《がくぜん》とさせられる。世界保健機関(WHO)の資料では、アフリカなど発展途上国は、盲人の数が先進国の十倍から二十倍に達するところが多い。

難民女性はどの顔も明るいが、あいさつで握った手はごわっとして硬かった。彼女たちの悲痛な叫びが聞こえるようだった。

政府によると、ハルツームを取り巻く難民キャンプは当時、十一カ所だった。難民の数は五十万人。私が会った人々はいま、どうしているだろうか。スーダン西部ではまた大量の難民が発生したと伝えられている。

ハルツームから青ナイルを上流のエチオピアへ向けて車で五時間行ったスーダン東南部の中心、セナールも難民のまちだった。干ばつから逃れ、スーダン西部から流れて来たアイシャさん(四〇)は胸と腎臓を患い、視力も落ちている。

「貧しくて二日も食べられず、空腹をがまんすることがあるからです」

夫は出稼ぎに出たままだ。二十三歳を頭に九歳まで、子ども五人が働いて家計を支えていた。家族はほかに、幼児が三人。

セナール州の社会福祉士ハラムさんが無作為に選んだ難民六十六人を訪ね、健康と生活状

スーダンのハルツームを取り囲む難民キャンプ。子どもたちは栄養不足だ

態を聞いたところによると、栄養失調が六人、盲人が九人いた。街頭で物ごいをしている難民は十三人にのぼった。

夕方、わら小屋の前に、目の見えない少年がぽつんと立っていた。黙ったままの彼に代わり、隣の女性はこう言った。

「両親は外へ物ごいに出ています」

セナールは「森のまち」という意味だ。それほどかつては緑豊かな地だった。

「六十年前はライオンもいました」

と語ったのはセナール州のムスタファ農業相。しかし、近郊では厚さ一メートルにもわたって土が崩れつつあった風景に出合った。森林を伐採し、大農場をつくったが、うまくゆかずに放置された。無計画に開発した結果は土地を荒れさせただけだった。難民ばかりか地域の住民も貧しい。住民の去った日干しれんがの家は、わずかな壁と土台を残すだけだった。

井戸も家も砂で埋まる

スーダン西部へ飛んだ。ハルツームから飛行機で二時間、さらに車で五時間のモトーレット村を訪れた。

驚いたのは、砂の波がわらの小屋をのみ込もうとしていたことだ。もがいて立ち泳ぎをしている三角の家が五つ、六つ、いや数十戸も続く。わずかに残る木も身を支えるのが精いっぱいに見える。歩くたびに、靴ひものすき間から黄ばんだ砂粒が入り込む。

乾いた海は深く、果てしない。幾つも点在する古代そのままの集落は一つ、二つと、熱砂の中に沈もうとしていた。

冬でも日中気温は三〇度をゆうに超す。村を焼く日差しは痛かった。かつては万を超した住民が暮らしていたが、多くは去り、私が訪ねた時は三千五百人になっていた。村人は初めて接した日本人に温かかった。

「干ばつが激しく、サハラ砂漠がどんどん南に押し寄せてきています。その南下距離はおそらく何百キロにもなるでしょう」

村の長老、オスマンさん（七〇）の実感である。世界一大きいこの砂漠はアフリカ北部に広がる。その南を縁取って東西に延びる大草原をサヘルと言う。村はその中にある。

サヘルとはアラビア語で、サハラ砂漠を海に見立てた「波打ち際」という意味だ。その緑の帯は波のように、夏の雨期は北上し、冬の乾期に南へ退く。人々はそうした自然のリズムの中で、農業や牧畜を営んできた。そのリズムが近年、狂った。度重なる干ばつで水が足りず、草が伸びない。作物が育たない。やがて土地は荒廃し、その分、サハラ砂漠が拡大したように見えるのである。

貴重な井戸に、遠くから水をくみに来た女性たち
（スーダン西部のモトーレット村で）

オスマンさんはかつて、はるか北の地に住んでいた。だが、一九七二、三年の干ばつでふるさとを捨て、この村に移住した。

「十万人が移動しました。ここまで来たのは四百家族です。うち半分がまたほかへ流れて行きました」

白い歯を見せながらも、しゃがれた声に張りはない。傍らの家は、稲の仲間ソルガムの茎を積んで自らつくった。

「ああ神さま……、この家はどうなるのでしょうか」

イスラムの神への祈りに、孫ギャラビさん（二八）は力なく応じた。

「村は二十年と持たないでしょう」

固い殻のデイツという豆を教えられた通りかじった。甘いが、かつてより小さいそうである。実をだんごやパンにするソルガムも、育ちが悪くなった。

風に運ばれて積もり続ける砂で、二十五の露店が軒を連ねたスーク（市場）は木切れがその跡を示すだけだった。井戸も埋まった。唯一残る政府系企業の井戸には、二十五キロ離れた地からも人がやって来る。

「三時間歩いて来ました」

と言ったのは頭にベールをかぶった若い女性だ。二日に一度、二十頭の牛やロバを連れて来る。その命の水も砂に脅かされる。

管理人のアダムさん（二八）は、

「井戸もやがて枯れ、埋まるだろう」

と漏らした。

「雨が少なくなった」

人々は一様にそう嘆いていた。干ばつで土地に水が補給されないと、地下水も細ってゆく。草や木が育たないと、土壌はやせる。それでも、その土地で人々は食べ物を作り、ヤギやヒツジを放牧する。過剰な耕作は土地の力を衰えさせ、動物は草を食べ尽くす。次第に土地は回復力を失い、水も枯れる。

主婦ハディガさん（六〇）は草を食べて飢えをしのいだ北方から二十五年前に移ってきた。いまもソルガムのだんごがせいぜい一日に一食か二食だ。栄養不足で、目が見えにくい。サヘルの自然が回復力を失いつつあるように、十代の孫娘もまた、視力が落ちた。私はまぶしい砂地が一瞬、闇に思われた。

近代の影

気候変動に土地の酷使で広がる砂漠化。勢い、優良地や水は限られてくる。そこに人々は押し寄せる。モトーレット村では農民と遊牧民が水と土地を奪い合い、二百五十人の犠牲者を出したこともあった。大地と水の危機は死者を出すほどの紛争の火種になる。

この村を含むサヘル地方ではもともと、作物の収穫後に動物が入り、そのフンが農地を養うといったふうに農民と遊牧民が共存してきた。それは土地の力をいつまでも維持する伝統の知恵だった。

だが、近代に入って変わった。政府は農業開発に力を入れ、機械を使った大規模な耕作を奨励した。機械化により投資した資金を回収するため、作物は機械を使いやすい綿花やソルガムなど単一作物になった。土地を休ませず、酷使した結果、次第に土地はやせてゆく。効率優先の経営の結果、やがて土地は力を失い、作物ができず、荒れてゆく。これも砂漠化を広げた一因だ。

ハルツーム近郊では、真っ白に染まった畑を見た。青ナイル川から引かれた用水路も白い絵の具を塗られたようだ。塩害だ。ここも機械を入れ、ソルガムだけを作っていたが、畑は放棄された。乾燥地の灌漑はよほどしっかり管理しないと、途中で水が蒸発して塩だけが残る。塩害もまた砂漠化を促す。

スーダンは国土がアフリカ最大で、日本の七倍近い。エジプトの南、ナイル川上流の古い歴史を誇る農業国だ。大河に恵まれ、元来は肥沃《ひよく》な土地も広い。石油や金、鉄など鉱物資源も豊富だ。なのに、土地を荒廃させ、水不足にあえいでいるとは何ということか、と思う。何度も書いているように、内戦、貧困、干ばつ、そして無理な近代化。そんな要因が絡まって、危機から抜け出せないのだろう。それは大なり小なり他のアフリカ諸国にも言えることだ。

アフリカの大地と水の危機を象徴する大草原サヘルは、スーダンから西へチャド、ニジェール、マリ、モーリタニアに至る。そのサヘルでは年に、九州の半分ほどの緑が失われてい

押し寄せる砂から逃れ、住民が去ったわらの住居跡（スーダン西部のモトーレット村で）

る。水を養う草木がなくなれば、土地は乾き、地下水や川、湖沼もやせてゆく。

サヘル地方の真ん中にあるチャド湖は、砂漠化の防波堤とも言える存在だった。だが、日本の四国ほどもあった湖面は十分の一に縮んでしまった。干ばつに加え、水田など過剰な農業開発の結果である。

スタインベックの『怒りの葡萄《ぶどう》』は一九三〇年代の米国を舞台に、不毛化した土地から追われる貧農の姿を描いた。それから半世紀以上たつ。とてつもなく広がる砂漠化と水枯れは大地の怒りにも思われる。不条理にもその怒りを、アフリカの貧しい人々がかわすべもなく受けている。

政情不安と貧困。そんな中での近代化。その影が大地と水の危機をもたらす。飢えが日常を支配する。世界の不幸を一身に背負ったような大陸。それがアフリカだ。

◆世界の四分の一が砂漠化

水不足と砂漠化は卵とニワトリの関係に似ている。水がないから草木が育たず、土地が荒れる。土地がやせると、水を地中に蓄えられず、一層、砂漠化が進む。これに過剰な耕作や放牧が加わり、土地を酷使し、水を使い過ぎると、さらに砂漠化が進み、水も枯れるといった具合だ。そうして荒廃した土地は雨にももろい。せっかく雨に恵まれても、雨で表土が流され、さらに砂漠化が進む。

こうした砂漠化は砂漠化対処条約では「土地の劣化」と定義されている。国連環境計画(UNEP)の一九九一年調査によると、世界で砂漠化の影響を受けている人々は世界人口の六分の一にのぼる。砂漠化の面積は三十六億ヘクタールで、地球の陸地の四分の一に当たる。しかも、その面積は急速に広がっている。原因は干ばつや雨の偏在といった気候変動、過放牧・過耕作。これに貧困や人口増が絡み合っているとされている。

アフリカは農地・放牧地の七割が砂漠化して、世界で最も深刻な地域だ。その典型がサハラ砂漠の南を東西に横切る大草原サヘルの荒廃である。

Ⅲ　ダムの功罪

移住人口と水没面積に照らした発電効率のよいダム（左下）と悪いダム（右上）

（ロバート・グッドランド氏の資料から作成）

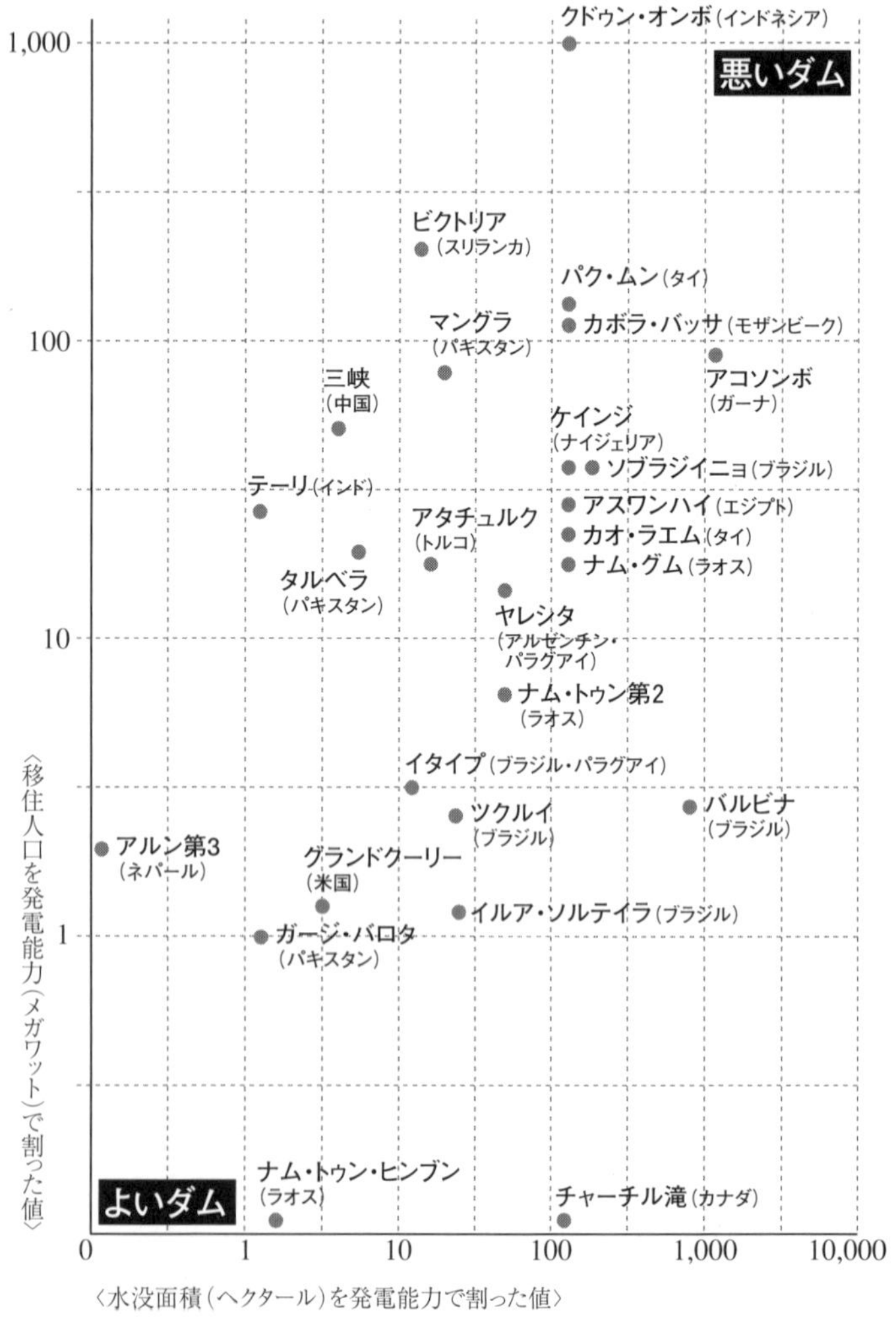

1 文明のシンボルなのか

世界に四万五千カ所

世界を襲う水不足や頻発する水害にどう対処すればいいか。すぐ思い浮かぶのがダムの建設だ。川をせき止め、洪水を調節する。ダム湖の水を農・工業や生活用水に使う。分かりやすい理屈で、ダムは古来から造られてきた。だが、近代に入ってその数は急増し、しかも巨大になるに及び、ダムがもたらすさまざまな災いが目立つようになった。

世界銀行が環境団体とともに作った「世界ダム委員会」の報告書（二〇〇〇年）によると、世界では四万五千の大型ダム（落差十五メートル以上、または貯水量三百万トン以上）がある。うち最も多くのダムを抱えるのが中国で二万二千、次いで米国六千五百七十五、インド四千二百九十一と続く。日本は二千七百六十七（財団法人日本ダム協会発行『ダム年鑑』二〇〇三年版）だ。

ダムが治水や利水にとどまらず、水力発電に寄与し、経済的利益を生んだのは事実だが、それは一方で広大な森林を沈め、動物のすみかを奪ってきた。魚の行き来を阻み、自然の流れを狂わせて水質を変えた。ダムは生態系全体に大きな影響を与えてきた。さらに、昔からそこに暮らしてきた人々の家や田畑を水没させ、歴史や文化も破壊した。ダムによって移住を強いられた人々は、四千万から八千万にもなると推定されている。

ダム湖はまた、水没した植物や土壌が腐って分解する過程で大量のメタンや二酸化炭素を吐き出す。それは温室効果ガスとして地球温暖化の要因となる。水力発電は温暖化対策のクリーンエネルギーとして評価されることがあるが、実は、発電ダムが温暖化を加速させる恐れもある。世界各地のダムの弊害を説いた『沈黙の川』（パトリック・マッカリー著）の中では、ブラジルのバルビナダムを例に、「貯水池の地球温暖化への影響度は、同等規模の化石燃料発電の影響の程度に比べ、はるかに高い」と指摘されている。

ナイル川の激変

世界最長のナイル川に巨大なダムが誕生したのは一九七〇年だった。エジプトのスーダン国境近くにできた世界有数のアスワンハイダムだ。総貯水量は千六百八十九億トン。日本最大の徳山ダムのざっと二百五十倍というスーパー貯水湖である。ダム堤に立ち、上流を見ると、先は果てしない。

時の指導者ナセル大統領の名を取って、貯水湖はナセル湖と言う。ダムはエジプト近代化の象徴だった。これにより電気を生み、潅漑《かんがい》面積を拡大した。

だが、湖底には多くの古代遺跡が沈んだ。有名なアブシンベル神殿は高台に移設され、からくも残ったが、高さ二十メートルにもなる古代の王・ラムセス二世の巨像を前にして、近代化とは何かと自問せざるを得ない。

ダムにより年中行事のようだったナイル川の大洪水はなくなった。一方で、土地が水で洗われなくなったことで、地下から塩が噴き出してきた。下流の古代遺跡は壁が白い粒で染まっていた。なめると、しょっぱい。塩害で耕作が放棄された農地も少なくない。

エジプトのアスワンハイダム建設で移設されたアブシンベル神殿。手前は筆者

洪水は上流から栄養分と土砂も運んできていた。それが減った結果、ナイル河口のデルタ（三角州）は後退し、「三角州にあったボーゲル・ボレロスという村は、岸から二キロ離れた海のなかである」（サンドラ・ポステル著『水不足が世界を脅かす』）。魚介類にも影響が出ている。

怖いのは世界で二億人がかかっていると言われる住血吸虫症だ。その虫は寄生虫の一種で、それがナイル川では異常に増えた。ダムができ、流れが緩やかになったことで、洪水で洗い流されることがなくなったせいとみられる。水の中で遊んでいる子どもたちの皮膚から入り込み、血管を駆けめぐって臓器に炎症を起こす。英国のジャーナリスト、フレッド・ピアス氏が書いた『ダムはムダ』によると、アスワンハイダム完成後、エジプトでは住血吸虫症が激増している。

ナイル川で起きているこうした環境の激変は、近代化の原動力だったダムの負の側面である。問題はダムの得失を考えた時、利益のほうが大きいかどうかだ。

一九九七年に世界銀行環境特別顧問として来日したロバート・グッドランドさんに会った時、「よいダム、悪いダム」という興味深い資料をもらった。世界五十カ所のダムについて、水没した土地面積や住民の数を、水力発電の能力で割ったものだ。

アスワンハイダムは出力一万キロワット当たり四百八十人が移住し、千九百十ヘクタールが水没したことになる。米国のグランドクーリーダム（一九四二年完成）は出力一万キロワットにつき、水没住民二十人、水没面積五十ヘクタールだ。これと比べると、アスワンハイダムは土地や住民に大きな犠牲を強いた割に能力が劣る。効率の悪いダムだ。

グッドランドさんはダムを否定する立場ではないが、ダムは環境への影響が大きいだけ、造るならよほど大きな利益がなければならない、と明らかにしようとしたのである。結果は結構、「悪いダム」が目立った。

私が訪ねたスリランカのビクトリアダムも出力一万キロワットに対して、水没住民二千百四十人、水没面積百十ヘクタールと、やはり「悪いダム」だった。

マハベリ川の「悪いダム」

ビクトリアダムは、スリランカ中部のマハベリ川上流にある。一九九六年に訪れたダム湖は「これが貯水湖?」と驚かされる風景だった。水が枯れ、とんがり帽子の寺院が広大な原っぱに、ぽつんと立つ。壁がはげ、中はがらんどう。近くに壊れた井戸が一つ。草に隠れ、民家の土台らしい石もある。ざくっ、ざくっと、歩くたびに靴音が響く。そこは荒涼とした砂漠だった。

国内最長のマハベリ川上流をせき止め、大量の水をためる計画だった。しかし、水はダムで水没しているはずの鉄橋の下を、筋となって流れていた。

以前は七千近い数の家族が暮らしていた。「湖岸」に数戸の家が残る。台所から顔を出したボディメニケさん(五〇)は、

「移住地として土地はもらった。でも、どうせダムに水はないし、夫が近くに勤めているので、ここに住んでいます」

と寂しげに笑った。その日の貯水率は一八パーセント。英国の援助で造られたダム堤はきれいに弧を描くが、うつろな美しさだ。担当者はしきりに「雨不足」を訴えた。

だが、古都キャンディにあるペラデニア大学の地質学の専門家は厳しかった。

「そもそもダムの適地ではなかったのです。付近は非常に複雑な地質で、水が地下に潜り込んでしまう」

マハベリ川には八〇年代、発電や農業用水確保を目的に次々とダムができた。スウェーデン、旧西独、カナダと、先進国が競うように援助した。農地開拓と併せ、「マハベリ計画」と言う。つぎ込んだ事業費は一千億円以上。三十年かける当初計画を、大幅に短縮して近代化を急いだ。

「結果は失敗だった」

ジャヤラトナ農林相の発言は閣僚の一人だけに重く感じた。

「開発で木を切って、山が荒れた。だから水が少なくなった」

とも語った。

ビクトリアダムによって廃虚となった地は大臣のふるさとだ。少年のころ、兄とともに森や川で遊んだ。育った家はすでになく、両親は山に移った。時に、水のたまっていないダム上流を眺める。

水がたまっていなかったビクトリアダムの貯水湖。荒れ地に寺院が残る（スリランカで）

と明かした。

「ダムに追われた人の中には、ゲリラに身を投じた例もあります」

「心が痛む」

シンハラ人が多くを占めるこの国では、政府と独立を求めるタミル人勢力の間で長く内戦が続いていた。二〇〇二年に停戦が成立、二〇〇四年には総選挙もあって平和への道を歩み出したが、私が訪れた当時はビルが爆破されるなど不穏な空気が支配していた。

人口、千九百万人。北海道よりやや小さい国土では電気のない生活をしている人たちもいる。政府がダムにこだわる理由はそこにある。しかし、その近代化は先進国からの借金と同時に、開発に伴う傷をも負わせることになった。開発がもたらす利益が薄ければ、傷口はより深く、広がる。

マハベリ川は中部山岳地帯から北へ流れ、国を縦断するように東の海岸に抜ける。全長三百三十キロ。どこへ行っても、川で体を洗う人々を見かける。人はそこで食器を洗う。洗濯もする。そんな川に次々とダムを造ることが理にかなっているかどうか。そんな疑問は消えない。

怒りの「バダ・ダーワ」

スリランカには日本の援助で造られたダムもある。南部のワラウエ川にできた発電用のサマナラウェアダムだ。その建設で住み慣れた土地を離れた農民は四百家族。うちキンチュニグネ村を出た三十七家族がサマナラ村で暮らしていた。

そこはスリランカ中央のキャンディから南へ百キロほど行った山岳地帯だ。紅茶畑に囲まれ、道端にヤシが茂る。補償としてもらった畑で、紅茶栽培を始めて九年。出会った農民の多くが、

「食べてゆけない」

とつぶやいていた。

口ひげの濃いグナセレラさん（三七）は前の村で暮らしていたころ、川から水を引き、田ん

ダムに追われたサマナラ村の人々（スリランカで）

ぼを耕していた。トウガラシ、ナス、豆も作っていた。現金収入は少なくても、自給自足で食べてゆくのには困らなかった。それが移住後は、米を買うために金持ちの家の掃除や宝石掘りの日雇いに出るようになった。補償金は、初めは一部しかもらえず、一年半はヤシの葉で小屋をつくって寝た。

「水浴、洗濯が困る。野菜も洗えない」と言ったのは長い髪のスバさん（二八）。村内にぽつりぽつりと井戸はあるが、目の前が川だったころとは比べものにならない。

離れた土地と川への愛着は断ち難く、一九九五年に車で三十分ほどの谷へみんなで出かけた。唖然《あぜん》とした。ダムからは水が漏れていたのだ。ダムはその後、修繕されたが、三百億円以上を投じたダムの欠陥に、「国のため」と言われて村と水を失った農民の絶望感はいかばかりかと思う。
「バダ・ダーワ」
はらわたが煮え返ったと言う意味の言葉を発しながら、努めて笑みをつくろうとしていただけ、農民の顔は悲しく見えた。

指導者の威信をかけた事業

昔の小さなダムと違い、近代技術を駆使して大きなダムが造られるようになったのは、二十世紀に入ってからだ。世界のお手本になったのは米国のニューディール政策だ。一九二九年の経済恐慌の後に打ち出された景気刺激策で、テネシー川流域開発公社(TVA)がテネシー川に次々とダムを建設した。内務省開拓局は西部開発を担い、これも多くのダムを造った。一九三五年、コロラド川に生まれたフーバーダムは米国のダムラッシュの金字塔的事業だった。

ダムはネバダ、アリゾナ両州境にある。ネバダ州のラスベガスから車で一時間。ダムに近づくにつれ、赤茶けた巨岩が川に削られながらそそり立つ。この自然の彫刻とも言うべき風景は上流の大渓谷、グランドキャニオンまで行くと、さらに壮大になる。

ダム堤は高さ二百二十一メートル。ダム堤の上から乗ったエレベーターは一気に下り、軍事要塞《ようさい》の奥へ踏み込むかのようだった。中は長いトンネルが続く。トンネルを抜けて下流側に出る。見上げた分厚いコンクリートの壁と、目の真下の水を失った細い川は奇妙な対照だった。

ロッキー山脈を源にする米国第三の大河をせき止めてできた人造湖、ミード湖は一周が千三百二十三キロ。貯水量は三百五十二億トン。このダム一つで、日本にある全部のダムの貯水量をはるかに上回る。その後、各地で巨大ダムが相次いで誕生したが、なお世界の代表的なダムだ。

米国第三の大河・コロラド川もフーバーダム下流は水が細い

ダムが生み出す電力や水はカリフォルニア州の繁栄に貢献した。ダムの名になっているフーバーは商務長官としてこの事業を手がけて、建設途中は大統領だった。

インドのネール元首相はインダス川流域のバクラダム建設に際し、ダムを「現代インドの寺」と持ち上げた（ヴァンダナ・シヴァ著『ウォーター・ウォーズ』）と言われる。

かつて多くの国にとって、ダムは指導者の威信をかけた事業だった。先に取り上げたアスワンハイダムもまたそうだった。

私が子どものころ、天竜川にある電源開発会社の佐久間ダムや、北陸の関西電力・黒部ダムは豊かさを実現させてくれるバラ色の夢に思われた。学校でも習った。しかし、ダム建設はいま、九州の川辺川ダムや岐阜県の徳山ダムなど各地で反対に遭っている。

インドではダムが多くの住民を立ち退かせ、ゾウやトラのすみかを奪い、環境を壊してきた。フーバーダムはメキシコへ流れるはずのコロラド川の水を取り尽くし、下流域に水不足をもたらした。自然の変化で、下流域の農地からは塩が噴き出し、農民は塩害に悩まされている。世界のダム造りに融資してきた世界銀行が慎重になるほど、ダムの影響はもはや無視できない時代なのである。

変わる三峡の地

中国の長江では、建設中の世界最大級の三峡ダムが姿を見せ始めた。幅二キロ、高さ百八十五メートル。その巨大建造物は上流六百キロにわたって、百万を超す人々の家や田畑をのみ込む。貴重なカワイルカやチョウザメは生存を脅かされる。

かつて三峡を船で下った時は、水墨画の世界に分け入った心地にさせられた。奇岩が両岸に迫り、がけには古代の道が通る。三峡はその昔、英雄が割拠した『三国志』の舞台でもある。唐の時代、李白が詩に詠んだ有名な白帝城は弧峰のてっぺんに遠く傘形の頭をのぞかせ、小さくかすんでいた。

早発白帝城　〈早《つと》に白帝城を発す〉

朝辞白帝彩雲間　〈朝《あした》に辞す／白帝／彩雲の間《かん》〉
千里江陵一日還　〈千里の江陵《こうりょう》／一日《いちじつ》にして還《かえ》る〉
両岸猿声啼不住　〈両岸の猿声《えんせい》／啼《な》き住《や》まず〉
軽舟已過万重山　〈軽舟《けいしゅう》　已《すで》に過《す》ぐ／万重《ばんちょう》の山〉
（高木正一著『新訂中国古典選第十五巻　唐詩選下』）

ダムがたっぷり水をためるようになれば、白帝城は水面から間近になる。詩情も色あせるかもしれない。

毛沢東の秘書を務め、水利部門の責任者だったこともある李鋭さんは『三峡ダム』（戴晴＝

ダイチン＝編）の中で、このダムについて、上流から運ばれる土砂でダムが埋まってゆくこと、移転住民があまりに多いこと、洪水防止機能が限られていること、水力発電には代替案もあることなどを挙げ、

「世界の潮流に逆行している」

と批判している。

一九九八年、私は李鋭さんに北京で会った。ちょうど長江が大洪水に見舞われ、三千人以上が犠牲になった後で、政府内からは「三峡ダムができれば、こうした洪水を防ぐことができる」という声が漏れていたころだ。しかし、その時も彼は、

「ダムの洪水調節は限界があります。それより、干拓で小さくなった洞庭湖を元のように大きくすることです。その湖を長江の遊水池として生かすことです」

と語っていた。

そんな異論もはねのけ、中国政府はダム建設にひた走る。ダムは為政者にとってなお魅力的なのだろうか。

中国に限らず、近代化の遅れた国々はいまも、各地でダムを造り続けている。それこそ近代化というように。しかし、これだけダムの問題点が明らかになっている以上、ダムが近代文明のシンボルだった時代は終わったと言うべきである。

2　建設時代の終わり

相次ぐシンポジウム

ダム撤去。こんな刺激的なタイトルを掲げた非政府組織（ＮＧＯ）のシンポジウムが、二〇〇四年に日本各地で開かれた。

学者グループの「日米ダム撤去委員会」が長野県松本市で開いた会議では、五大湖に近い米国ウィスコンシン州から来た市民グループのヘレン・サラキノスさんが講演した。

「州内では一九九〇年以降、すでに五十のダムが撤去されました。中で成功事例は、スタージョンというチョウザメが上って来るバラブー川です。その魚の遡上《そじよう》はダムに阻まれていたが、市民の長い運動で、九七年から二〇〇一年にかけて四つのダムが撤去され、川の流れが回復しました」

ワシントンＤＣに拠点を構え、全米のダム問題に取り組むＮＧＯ、「アメリカンリバーズ」のエリザベス・マクリンさんは、

「米国では一九一二年以降、約六百のダムが撤去されたと推測されます。ここ五年間は急速で、百四十くらいです。昔のダム撤去は経済性と安全性が主な理由でした。近年はそれに

環境を重視する考えが加わったことが大きな変化です」

と語った。

これら撤去されたダムは日本で言えば、むしろ堰《せき》と言った方がいいものも多いが、であっても、大きな変化ではある。

市民グループ「リバーポリシーネットワーク」が名古屋で開いたシンポジウムでは、米国のダム建設機関・陸軍工兵隊の幹部だったジェームズ・ジョンソン氏がこう述べた。

「陸軍工兵隊は現在、三百八十三のダムを管理しているが、これからはこうした人工構造物を造らない方向です。湿地の再生、ダム撤去が仕事に加わりました」

米国では建国の歴史から軍隊もダムを造る国柄で、その組織が環境重視に転換していることを彼は強調した。

これらの発言を聞いて、時代は変わった、と改めて感じた。

ビアード氏の発言

「ダム建設の時代は終わる」

米国内務省開拓局の総裁だったダニエル・ビアードさんが来日し、東京でこう講演したのは一九九五年のことだった。ダムの推進、反対両派に波紋が広がった。

開拓局は陸軍工兵隊と並ぶ、米国の二大ダム建設機関だ。一九〇二年の開拓法によってつくられ、ダムによって乾燥した米国西部を潤し、文字通り、西部開拓の歴史を担ってきた。その業務地域・西部十七州で造ったダム・貯水池はざっと三百五十になる。

米国のダム建設機関はほかに、一九三〇年代の米国の不況対策、ニューディール政策で生まれたテネシー川流域開発公社（ＴＶＡ）が学校の教科書にも載っていて有名だが、同じころ、開拓局も西部で巨大ダムを手がけ、三五年には当時世界最大と言われたフーバーダムを完成させている。ダム建設数においてはＴＶＡをはるかにしのぐ。

撤去されるエルワー川のエルワーダム
（米国ワシントン州で）

そうしたダム建設は日本のモデルだった。その先輩がもうダムは造らないと言い出したのだから、日本の関係者が驚かないはずがない。ビアードさんの趣旨はひとことで言えば、ダム建設は費用と環境面から釣り合わなくなっているということだ。建設に金をかけ、環境に大きな影響を及ぼす割には、得られる利益は薄い。それなら、もっとほかの方法を探るべきだと言うのだ。

その後、世界の動きはまさに彼の予想通り、いやそれ以上の展開を見せている。それが相次ぐダム撤去である。

ワシントン州エルワー川

私はビアードさんの講演後、彼の案内で米国北西部、カナダ国境に接するワシントン州のオリンピック半島へ向かった。

機上から見ると、夏を迎えようとする半島の山々は雪化粧を落とし始め、それぞれのてっぺんから傘の骨のように白い糸を谷に垂らしていた。高さ三十メートルにもなる氷河を残し、原始林に覆われた半島一帯二十五万五千ヘクタールは、アラスカを除く米国本土で最大規模の国立公園だ。その公園の中心から北のカナダと隔てるファンデフカ海峡へ流れるのが半島を代表する川、エルワー川だ。

長さ七十二キロ。昔は豊かなサケの漁場として知られていたが、二つのダムによって道が閉ざされた。そのダムが政府の手で取り壊されようとしている。再びサケの上る川にするのが狙いだ。

州内第一の都市・シアトルからフェリーで半島に渡り、車で二時間。国立公園入り口に立つと、右手にエルワー川が流れ、正面に標高二四二七メートルのオリンパス山が富士山のようにそびえる。車で十分ほど上流へ行くと、深い渓谷の先に滝のような水音が聞こえる。雪解け水で満腹のダム湖は激しく水を吐き出していた。

グラインズキャニオンダムだ。高さ六十四メートル、長さ八十一メートル。小型のコンクリートダムで、一九二七年に造られ、下流八百メートルの発電所へ水を送ってきた。訪れた当時は、下流にあるもう一つのエルワーダムとともに、米国の製紙企業の所有だったが、その後、政府が買収して撤去準備に入った。先に紹介したNGOのマクリンさんの話だと、二〇〇七年に撤去の計画だ。費用は一億ドル以上と見積もられている。

このダム撤去の方針は、九二年にできたエルワー川再生に向けた「生態系と漁場回復に関する法律」に基づく。現地に同行してくれた開拓局の担当者、ブライアント・ウインターさんはこう語った。

「魚道を造っても十分でなく、ダムを撤去しない限り、サケの上る川を取り戻すことはできないのです」

下流へ行く。カケスが目の前を飛んだ。国立公園を一歩出たところにあるのがエルワーダム。高さ三十メートル。長さ百三十五メートル。幅が広いコンクリートダムだ。グラインズダムに先立つ一九一三年に造られた。ダイナマイトで山を爆破して崩す荒っぽい方法でダムの基礎とし、過去に水漏れも起こしている。三本の太いパイプがダム堤から垂れ、すぐ下に発電所がある。

雪が緑の山々にまだら模様を描く周りの景観とは何とも不釣り合いだ。サケはその下流まで来て、ダムに阻まれる。緑色のダム湖の下ではかつて、先住民・クララム族がサケを取って暮らしていた跡があるはずだ。

クララム族の願い

クララム族は下流で自治組織の集落をつくり、七百五十人が暮らす。議員五人から成る議会を持ち、村長は黒い髪と瞳が印象的な女性フレンチス・チャールスさんだ。

「ダム撤去により、湖に眠っている文化遺産を詳しく調べたい。長老に聞くと、以前は、キングフィッシュという五十ポンド（二十二・七キロ）から百ポンドもあるサケが川を上って来ていたそうです。私たちの部族は自然とともに暮らしてきました」

と言った。

村長の補佐役ジェフ・ボーマンさんは、

「ダムは、私たち部族に何の相談もなく造られたのです。反対してきたが、部族の声は無視された」

と、改めて過去を憤る。

集落で漁を営むのは六十人。ダムがなくなれば、漁業も盛んになる。釣り客も多く訪れるようになる。彼はその経済効果を五百万ドルから一千万ドルとはじいた。

集落内には保育園、学校もある。文化担当の女性、ジェミー・ハグレスさんは、

「私たちの使命はクララム語の継承です。流暢《りゅうちょう》にしゃべる長老が一人だけ残っています」

と言う。壁に張られた紙には、魚や動物の絵がクララム語を添えて描かれていた。もらった新聞ではクララム語も交えて、「エルワー川の回復」を訴えていた。

グラインズダムは五十年間の運用許可を政府から得て造られたが、エルワーダムは古い時期だったこともあって、許可を得ていなかった。グラインズダムの許可期限を迎えるころ、二つのダムについて、所有者から政府に今後のダム使用の申請が出たことをきっかけに、環境との問題が大きく論点として浮かび上がった。魚道を造る方法、サケを捕らえてトラックで上流へ運ぶ方法。さまざまに議論されたが、環境団体は「撤去」を主張し、政府もクララム族の長年の願いに動かざるを得なくなった。

ダムを造るのでなく、壊すのに大金をかけることに異論がないわけではない。しかし、ジャケットにジーンズ姿で同行してくれたビアードさんは歯切れがよかった。

「世論の流れです。社会的な価値観が環境を大事にしようとしているのです」

シアトルの北、カナダのバンクーバーに近いベリングハムで生まれ、地元のワシントン大学に学んだ。学生時代、エルワー川にはよくキャンプに訪れた。この川にはそんな個人的な思いもある。六九年、大学院の学生だった彼は国際的環境運動「アースデイ」に参加した。それが環境問題にかかわるきっかけだった。いまは政府から離れ、コンサルタント会社の顧問をしている。

国立公園内の峰の一つ、標高一五〇〇メートルのハリケーンリッジは車で行ける展望台だ。そこから寒さに震えながら見下ろしたエルワー川は、深い谷の下にあった。帰り道、林から顔をのぞかせたカモシカは、車に寄り添うようにしばらくついてきた。

世界の潮流

「先住民や少数民族は十分な補償のない移住、生活、文化、精神面への負の影響に苦しめられてきた」

世界銀行が環境団体とともにつくった「世界ダム委員会」は二〇〇〇年の報告書にこう書いている。

「多くの場合、ダムは取り返しのつかない生物の種と生態系の消失を招いています」

と環境面にも触れる。融資で世界のダム事業を先導してきた世銀が、自らの反省を吐露したものと見ることもできる。

世銀が変わったのは、インドのナルマダ川のダム開発について、一九九三年に追加融資をやめたころからだ。

多数の住民が移転する事業に対し、世界のＮＧＯから批判を受けた結果だ。世銀はこれに学び、以後、「市民参加」を積極的に掲げるようになった。住民の声に耳を貸せば、勢い、事業に慎重にならざるを得ない。ビアードさんの語る「ダム建設時代の終わり」は世銀についても言える。

先進国はさんざんダムを造っておいて、もういらないと言い出した。我々がこれから造ろうというのに、環境への影響が大きいからやめろとは勝手な理屈ではないか。発展途上国からはそんな不満も聞こえそうだ。とりわけ、資源の乏しい国において水力発電への意欲は大きい。だが、長い目で見ると、自然を守ることが結局は利益にかなうことを過去のダム建設は教えている。

撤去の新時代

日本では二〇〇一年に、計画中のダムはすべて中止するという「脱ダム宣言」を、長野県の田中康夫知事が表明して世間を驚かせたが、現実に近年は、全国各地でダム計画が中止されている。二〇〇四年までにざっと百カ所。首都圏は特別とばかりに見直しが遅れていた感があるが、二〇〇四年には利根川上流の戸倉ダムも建設中止が決まった。ダム見直しのうねりは日本も例外ではない。

流れをもう一歩進めたのが、熊本県が決めた同県坂本村にある球磨《くま》川の県営発電ダム・荒瀬ダムの撤去だ。二〇一〇年から取り壊しにかかる。全国初の廃ダムだ。

訪れると、ゲートから放水しているところだった。ゲートを操作する機械は古くなり、いずれ取り換えなければならない。発電施設も老朽化した。一方で、村からは「清流を返せ」という要望が強まっていた。県はそうした環境面や費用を考え、撤去を決断した。

日本でもダムは建設から中止へ、そして、いよいよ撤去の新時代に入りつつあるように思われる。

とはいえ、ダムはいざ壊すとなると、そう簡単ではない。ダム湖には大量の土砂がたまっている。一気に流せば、下流や海を汚し、魚介類に大きな被害を及ぼす。

米国の経験をまとめた『ダム撤去』(ハインツセンター編)によると、ニューヨーク州ハドソン川のフォートエドワードダムの撤去では、ポリ塩化ビフェニール(PCB)を含む堆積物《たいせき》が下流を汚染し、大きな騒ぎになった。事前の環境調査が不十分だったためである。ダムは造れば環境を傷つける。壊しても、やり方を誤れば環境に影響する。やっかいな代物なのである。ダムも人工構造物である以上は、寿命がある。きちんと手入れをすれば、かなり長持ちするにしても、何百年も持たせるのは容易でない。五十年、百年とたった古いダムは維持費もかさむ。となれば、好むと好まざるとにかかわらず、いずれ撤去の日は来る。

「ダムの世紀」だった二十世紀は過ぎた。これからは世界で、日本で、撤去が相次ぐ可能性がある。その撤去でも、私たちの環境に対する目は試される。新時代に向けて知恵を絞り、清流をよみがえらせてゆきたい。

◆ビアードさんの発言

ダニエル・ビアードさんが一九九五年二月の来日時に講演した要旨は次の通り。同様な内容は九四年五月にブルガリア・ヴァルナで開かれた「国際潅漑《かんがい》排水委員会」の総会でも発言している（片岡夏美さんとヘザー・スーターさんの訳を参考にした）。

開拓局に変化をもたらした力は五つある。

第一は経済。農業用水を確保する水資源開発は受益者負担を前提にしてきたが、金利分は補助金で賄うといった具合に、実際には投資した費用の一部しか回収できなかった。こうした事業は同じ規模の財源を他へ振り向けた時より、米国経済への貢献度は小さい。

第二は社会的現実。農業関係者のために働き、増大する都市住民の要求にこたえてこなかった。その結果、社会の支持は低下した。

第三は運営の現実。土壌の塩化、漁業の衰退、湿地の消滅、先住民族の文化の破壊、農業による汚染、貯水施設の堆砂、ダムの安全性の問題など、開発に伴う二次的コストの重大性を学んだ。

第四は環境。環境に影響を与えると知りつつ、過去は開発を進め、農業生産の増加と引き換えにしてきた。しかし、米国の世論は今日、川の生態系、文化的価値の方に、より重きをおいている。政府の機関としては、社会の価値観と意見に沿って働かなければならない。

最後に代替手段。ダム建設以外の代替手段がたくさん存在することを実感するようになった。それは多くの場合、低コストで、環境への影響も小さい(農業用水の都市用水への転用、水の再利用などを指している)。

そうした結果、米国においてダム建設の時代は、いま終わる。

Ⅳ 危機から脱する道——近代を問う

「仮想水」の消費

1日1人あたり2,800カロリーを供給するためには、平均1,000立方メートルの水が必要である。下の表は主要な食糧生産水の要求量を示したものである。

国際河川を持たず、深刻な水不足にさらされていない日本においても、これらを輸入することで水を消費していることになる。世界の水危機は決して対岸の火事ではない。

農産物	単位	必要な水量（立方メートル）
牛	頭	4,000
羊および山羊	頭	500
生鮮牛肉	キログラム	15
生鮮羊肉	キログラム	10
生鮮家禽肉	キログラム	6
穀物	キログラム	1.5
かんきつ類	キログラム	1
ヤシ油	キログラム	2
豆類、根菜類、および塊茎類	キログラム	1

出典：国連食糧農業機関

1 「管理の危機」

五つの処方箋

「水危機は存在するが、それは管理の危機である。水資源が危うくなるのは、制度、統治形態、インセンティブ（誘因）、および資源配分が悪いためである」

社団法人・日本河川協会の雑誌『河川』（二〇〇〇年六月号）の中で、水専門家グループの一員として「世界水ビジョン」づくりに携わったウイリアム・コスグローブ、フランク・ライスベルマン両氏が書いていた「管理の危機」という言葉が頭に残る。コスグローブさんは世界銀行の元副総裁で、専門家でつくる「世界水会議」の副会長として、二〇〇三年の「世界水フォーラム」を牽引《けんいん》した一人だった。

水問題解決へ向けて、彼の提言にまず耳を傾けたい。

第一は食糧生産のために、どう水を確保するか。品種改良や潅漑《かんがい》方法の改善で、水一滴当たりの生産量を増やすこと、水をためることを提案している。その貯水では大型ダムに依存するのではなく、伝統的な貯水技術や雨水利用、湿地の保存を考えるべきだとする。伝統貯水とは昔からの、例えばため池を再評価するという意味だ。

第二は水管理の方法だ。水の受益者が水供給に見合う費用を負担することで、水の浪費を防ぐことができると指摘している。これは水道の民営化や水ビジネスといったことと絡み、非政府組織（NGO）との間で議論になっている。一方で、彼は水問題への住民参加も強調している。これは大方の納得は得られるだろう。もう一つ、強調しているのは国際河川の協調管理だ。世界の国々の半分近くは二百五十から三百の国際河川の流域にある。それが水紛争の種になるが、これからは水を共有する意識で国々の協力を進めようと呼びかけている。

第三は生態系の重視。川の流域や地下水、湿地などが生み出す恩恵を年数兆ドルとはじき、森林や干潟などの保全に目を向けるよう求めている。

第四は研究や教育への投資。そして第五に資金確保である。水関連の投資は世界で、年に七、八百億ドルだ。それを倍以上の千八百億ドルに増やすことを訴えている。そのために民間資金を呼び込み、官民が協力する必要があるというのだ。民間とのかかわりの点ではNGOとの間で議論になっている点だ。

以上は、要領よくまとめられた水危機を解く処方箋《せん》である。これらの課題を踏まえ、幾つか具体例を挙げながら、もう少し考えてゆきたい。

水ビジネスの是非

よく知られている水ビジネスの一つは、地中海に浮かぶ島・キプロスへトルコから船で水を運んでいる商売だ。「白いクジラのような巨大なかたまりをロープでつないで引っ張っている」と、二〇〇一年一月十五日付の朝日新聞（名古屋発行版）は書いている。トルコ政府が水不足に悩むトルコ系住民のために、企業と契約した。

やがては石油を運ぶタンカーのように、こうした袋を引いた船が世界の海を行き来する日が来るかどうか。私はそう簡単には来ないと思うが、企業が水もビジネスにしようと考えていることは間違いない。

ミネラルウオーターの市場はすでに大きく広がっている。これは水不足というより、おいしい水を求めてだが、貧しい発展途上国でも安全な水として結構売れている。「安全」を買うとはいえ、貧しい人々が高価なボトルウオーターの客になるとは悲しいことだ。ともあれ水企業が世界を席巻し始めた。

そうした企業の資金や経営の力をうまく生かせば、世界の水不足対策、安全な水供給につなげられるのではないかというのが、水の民営化論、あるいは官民協力論だ。

確かに水がビジネスになれば、企業の投資を呼び込むことになり、公的な資金不足を補うことはできる。実際、世界では水道経営を民間に任せる動きが相次いでいる。「民間の力で効率経営を」といったことも民営化の理由になっている。

コスグローブさんは世界水フォーラムでの民営化をめぐる討論の席上、

「人口増加や、貧困層が水を得にくい状況に対応するため、民営化を含めたさまざまな運営方法が必要不可欠だ」

と述べていた。

しかし、NGOには民営化に強い警戒感がある。フォーラム会場では反対意見が続出した。

「カナダ人評議会」のリーダー、モード・バーロウさんはこう語った。

「水に所有権はない。水は基本的人権の一部で、市場原理からはずすべきです」

インド、フィリピン、ウルグアイ、メキシコ、ガーナ、アルゼンチン、ブラジル、南アフリカ共和国、タンザニアなど、途上国の人々ばかりか、米国から参加したNGOの代表も「民営化反対」を訴えていた。

ボリビアの失敗

ボリビアから来た参加者は、

「民営化された途端、水道料金が大きく上がった。反対運動で死者まで出た」

と怒りの声を上げていた。

ボリビアの民営化騒動はインドの活動家・ヴァンダナ・シヴァさんの著書『ウォーター・ウォーズ』の中でも紹介されている。民営化の舞台は地方都市のコチャバンバ。世界銀行の旗振りで、米国の大手建設会社「ベクテル」系の企業に経営が任された。だが、市民は二〇〇〇年にデモを組織し、「水は商品でない」と水道料金の値上げや民営化に反対した。その結果、企業は撤退を余儀なくされたというのである。

「民間の効率経営」も根拠は乏しいと指摘するのは、ロンドンのグリニッチ大学の研究者、デービッド・ホール氏である。水フォーラム会場で配られた研究報告は、水道の多くが民間に委託されているフランスでは大半が公営の米国や日本に比べて職員が多く、水道料金も高いと指摘している。

水に限らず、「民間は公より効率的」とはしばしば言われることだ。確かに日本では国鉄よりＪＲの方が効率経営になった。とはいえ、それは赤字線を廃止し、地方に不便を強いた側面を見落としてはなるまい。さらに、不良債権を抱えた銀行経営の無策を見れば、民間だから効率的とは必ずしも言えない。

水は空気と同じように命の源だ。ほかの商品とは違うことを確認したうえで、公営と民営について、各国の実態を十分調査する必要がある。市場経済の総本山とも言うべき米国が、ほとんどの都市で公営であることは何を物語るか。米国を変える力がなければ、民営論もいまー一つ迫力を欠く。

途中で失われる水

公か民かはともあれ、世界が水不足の状況にある中で水が浪費されている現実は改善されなくてはならない。その典型が水道管から失われる水だ。

「漏水率が日本とはまるで違います」

東京都水道局の小峰武さんは二〇〇二年、水道経営の指導でベトナムの地方都市を回って驚いた。浄水場から家庭に送られる途中で失われる水を漏水と言うが、その割合がベトナム中部のダナンでは四六パーセントと、水道公社から聞かされた。

中には水道管から無断で水を引く盗水もあるが、大半は管の継ぎ目などから漏れた水である。管が老朽化しているためだ。しかし、資金不足で取り換えが進まない。おまけに漏水探知機が足りず、そもそも水が漏れている場所を見つけるのも難しい。ダナン南のビンディンは雨期が短く、夏は水源の地下水が減り、水不足に陥る。大事な飲み水なのに、漏水率は三四パーセントだった。

日本水道協会の二〇〇一年調査報告によると、ベトナムでは首都ハノイが七〇パーセント、南のホーチミンが三〇パーセントで、どこも漏水率が高い。それはまた、途上国共通の問題である。同協会の一九九八年調査ではジャカルタが四六パーセント、マニラが三六パーセント、台北が二六パーセント、香港が二六パーセント、バンコクが三〇パーセントから四〇パーセントだった。

中南米ではラパス（ボリビア）三七パーセント、グアテマラ市（グアテマラ共和国）二五パーセント、サンパウロ（ブラジル）二〇パーセント。アフリカではヤウンデ（カメルーン）二〇パーセント、ケープタウン（南アフリカ共和国）二二パーセント、中東ではシリア全体で三七パーセントだった。

世界では、安全な水を飲めない人が十一億もいる。その人々を二〇一五年までに半減させるのが国連の目標である。だから、各地で水道建設が急務となっている。国際援助も盛んだ。だが、せっかくの水道が漏れていては何ともったいないことか。端的に言えば、施設ができても管理が悪いのである。

とはいえ、欧米も決してほめられたものではない。ワールドウォッチ研究所の『地球白書』（二〇〇四—〇五年版）によると、米国の漏水率は全国平均で一〇パーセントから三〇パーセント、フランスはひどいところになると五〇パーセント、スペインは二四パーセントから三四パーセントだ。

日本は漏水防止の先進国だ。二〇〇一年時点で、漏水率は東京都、大阪市とも六パーセント台だ。名古屋市は四・五パーセント、福岡市は二・四パーセントである。資金力ばかりか、水道職員の質、漏水探知など管理技術が高いからだ。漏水防止は、日本が国際貢献できる大きな分野である。

節水は最大の水不足対策

福岡市の漏水率が低いのは、市や市民の水に対する意識が違うからだろう。過去に何度も水不足を経験し、節水の心構えが養われたとも言える。漏水防止ばかりか、使う水を減らせば、水の危機は乗り切ることができる。水不足と言うとややもすれば、水の供給を増やす方向に関心が向きがちだが、節水こそ最大の水不足対策と自覚しなければならない。

一九九五年に米国のロサンゼルスの水展示館を訪ねた時、そこには節水トイレ、節水シャワーが展示され、パンフレットでも節水が強調されていたのが印象的だった。

ロスでは八六年から九一年まで六年続いての渇水を経験したことが節水都市づくりのきっかけになった。その後、市は家庭に奨励金を出して、何十万という節水トイレ・シャワーを次々と設置してもらった。水をたくさん使えば料金が上がるよう、料金体系も節水型に改めた。結果、市の水道使用量は渇水時より低い水準になった。

米国は世界最大の水使用国である。わけても膨大なのが農業用水だ。そこで浮上しているのが農業用水の節約論である。米国のジャーナリスト、マーク・ライスナー氏は論客の一人で、サラ・ベイツ氏とともに九〇年に著した"Overtapped Oasis"（水浪費のオアシス）の中で、「都市用水の使用量は農業用水に比べれば取るに足りない。カリフォルニア州などでは、農業用水をわずかに一〇パーセントあるいは一二パーセント減らすだけで、理論的には数十年間の人口増大に対応できる」

と書いている。

前掲の『地球白書』も、農業の潅漑《かんがい》効率を上げることが肝心と力説している。効率化の代表例は「点滴潅漑」である。穴を開けたチューブを地表あるいは地中に設け、そこから少しずつ植物の根元に水をやる方法である。小さなスプリンクラーを使う節水潅漑とともに「マイクロ（微小な）潅漑」と呼ばれる。イスラエルやヨルダンでは早くから導入され、こうした潅漑農地が全潅漑農地の半分以上を占める。世界では全潅漑農地の一パーセント程度にとどまっているが、近年は広がる傾向にあり、期待は持てる。

一九九一年以降十年間で、メキシコや南アフリカ共和国は二倍余りになり、スペインでは三・五倍、ブラジルでは九倍近い伸びを示した。中国やインドはあまり採用されていなかったが、急速に広がり出し、九一年からの十年間で十倍以上の伸びを見せている。

点滴潅漑は水を節約できるだけでなく、収量を増やすこともできると言われる。もしそうなら、多少の手間がかかっても農民が取り組むのに十分値する。

水不足は、単に量的な面だけでなく、私たちの暮らしのありようとかかわる。浪費すれば、いくらあっても足りない。しかし、節約すれば足りないわけではない。コスグローブさんが言う「管理の危機」とは浪費への警鐘と受け止めたい。

2 緑と湿地の価値

世界の湿地は半分消失

世界銀行元副総裁のコスグローブさんが示した水危機を乗り切る処方箋《せん》のうち、「生態系の重視」は国連の『世界水発展報告書』でも水危機に取り組む柱の一つだ。

水の危機と生態系とは一見、すぐに結びつかないようだが、実はそうではない。多様な動植物が共存する生態系が損なわれれば、大きい動物が小さい動物を順に食べてゆく食物連鎖が狂い、やがてはその食物連鎖の頂点にいる人間の食糧資源を細らせる。食物連鎖や植物は汚水を浄化する機能を持つが、生態系の弱体はその浄化力も失わせる。

生態系と水は卵とニワトリの関係に似て、水がなければ豊かな生態系は保たれないし、その生態系がなければ、きれいな水も維持されない。その卵とニワトリの関係が断たれれば、結局、私たちの生存も脅かされる。そして、その自然のリズムを保つ土台となるのが小川や湖沼、湿原、干潟などの湿地である。

湿地は水をため、洪水時にはその勢いを和らげる働きもする。水不足、汚染、水害という世界を覆う水の危機を前に、湿地の重要性はますます増している。だが、その湿地がいま危ない。その危なさに悲鳴を上げているのが生態系の異変である。

国連報告書によると、世界の湿地は農業や都市開発で次々と失われ、二十世紀中に半分が消えた。これに水汚染などが加わって、内陸水系に関係する生物種のうち、哺《ほ》乳類の二四パーセント、鳥類の一二パーセントが絶滅の危機にある。詳しく調査されている魚類種一〇パーセントのうち三分の一がやはり危機に瀕《ひん》している。

かつては湿地を埋め立て、陸地を増やすことはいいことだという考えがあった。新しい陸地は食糧を増産させ、人々に住む場所を提供するからだ。しかし、それはいっときの経済的利益と引き換えに、大きな環境破壊をもたらした。もうこれ以上、湿地をつぶすことは許されないだろう。

世界の潮流に逆行

湿地の中で、日本人にとって最近、関心の高いのは干潟だ。九州の諫早湾で国内最大の干潟が大規模な干拓事業で失われ、いまも議論の的になっているからだ。日本では戦後、干潟の四割が消えた。干潟をよみがえらせよう。市民でつくる諫早干潟緊急救済本部はそう叫び続けている。

長く救済本部代表を務めていたのは、二〇〇〇年七月に六十六歳で急死した山下弘文さんだった。亡くなる半年前、山下さんと諫早湾沿いを歩いた。遠く、沖に潮受け堤防が見えた。目の前は海水を断たれ、乾き切った干潟が広がり、そこは砂漠のようだった。

潮の干満が独特な生物のすみかをつくってきた干潟がなくなったことで、特産のムツゴロウや貝、カニ、ゴカイなど多様な生物が死に絶えた。野鳥はえさ場をなくした。

乾いた大地と潮受け堤防の間は淡水湖だ。農業用水を取るためのものだ。湖の水位を下げ、洪水時に川の逆流を防ぐ狙いもある。それが農水省の言い分である。その湖は流れがなく、よどんでいるように感じられた。海水を断たれたうえ、干潟の生物の姿が消えたためだ。生物は汚れを食べることで水を浄化してくれていたのだ。

「この環境の変化は諫早湾を含む有明海全体に影響するだろう」

山下さんのつぶやきが忘れられない。

やはりと言うべきか、その後、有明海では植物プランクトンが異常発生して起きる赤潮がしばしば見られた。プランクトンに酸素や栄養分を奪われ、魚介類に影響が出た。ノリが黒くならず、黄ばんでしまう「色落ち」は典型的な被害だ。

「潮受け堤防の水門を長期に開け、堤防閉め切りとの関係を調査してほしい」

漁師らはそう訴えたが、農水省は二〇〇四年五月、訴えを退けた。

干拓は農地を増やすのが目的だが、日本は米が余り、減反をしている時代だ。新たな農地はいらない。事業は目的自体、必要性が薄らいでいる。それなのに、調査さえ拒むのでは話にならない。世界の潮流に逆行した自然破壊ではないかと思う。

藤前干潟は条約登録地に

そんな中で救いは、各地で干潟を守ろうという機運が盛り上がっていることだ。名古屋市ではごみ処分場として埋め立てられそうになった干潟が市民の反対で残された。その干潟は名古屋港の奥深いふところにある「藤前干潟」である。

潮が引くと、泥の陸地が顔を見せる。周りは埋め立て地ばかりで、工場が立ち並んでいる。不釣り合いな風景に、

「よくぞ残ったな」

と、思わず声をかけたくなる。二〇〇二年には、世界の湿地保護を目指すラムサール条約の登録地になった。日本政府が「干潟を守る」と約束したのだ。

干潟はちょっと見ただけだと、単なる泥の平地である。でも、一歩足を踏み入れると、泥には無数の穴が空いているのが分かる。そこに、地中にすむゴカイやカニ、貝などの息づかいを感じる。酸素や栄養分に富む干潟はさまざまな生物を育む揺りかごだ。ゴカイなどを食べに、たくさんの鳥もやって来る。シベリアとオーストラリアを行き来するシギやチドリといった渡り鳥も多い。干潟は彼らの休息の場で、腹いっぱいえさを食べ、春は南から北へ、夏から秋は北から南へと旅する。それは心が和む光景である。

干潟は下水処理場の役割も持つ。汚物を微生物が食べ、微生物をゴカイなどがえさにして、それら小動物を鳥がついばむ。そうした食物連鎖を通して水はきれいになってゆく。干潟はその存在そのものに価値がある。

韓国・始華湖の再生

東アジアは世界有数の干潟地帯である。遠浅のために開発しやすく、お隣の韓国でも随分と干拓されてきた。その韓国では、干潟の持つ汚水浄化力をまざまざと見せつけた例がある。首都ソウルに近い西海岸の始華《シファ》という地区だ。

政府は始華干潟を干拓し、九四年、沖の堤防を閉め切って潮の流れを断った。諫早干拓より規模の大きな事業だ。新しい土地と農業用の淡水湖が生まれたが、湖は工場などからの排水でみるみる黒く濁り、「死の湖」と化してしまった。

「それまでは干潟の生物が流れ込む汚濁物質をきれいにしていたのです。潮の流れも汚水を薄めてくれました。そうした自然の浄化力が失われたことが大きかった」

現地を訪ねた私にこう言ったのは、ほかならぬ湖を管理している政府系の水資源公社の担当者だった。

湖の汚染で、政府は市民や漁師から激しい批判を浴び、九七年、水門を開放して海水を入れざるを得ない状況に追い込まれた。

「海水が入ったことで、水質は随分と改善された。魚も戻った」

と、公社の担当者は話していた。消えた干潟に代え、新たにアシ原などの人工湿地を湖岸につくり、浄化に役立てようともしている。植物も汚物を栄養分として吸収してくれる。政府は干潟をつぶしてようやく、干潟の価値を自覚した。開発で自然を壊し、その後に開発の愚かさと自然の力を知る。皮肉なことではあるが、時代の風を感じさせる出来事だ。

残念なのは、韓国中部西海岸のセマングムという地区では依然、始華干拓よりはるかに規模の大きい干拓事業が続いていることである。沖の潮受け堤防は総延長三十三キロ。世界最

干拓事業の進む韓国中部西海岸のセマングム干潟で貝を取る漁民

長の干拓堤防である。

「沖に堤防ができて潮の流れが変わり、貝は以前の半分になってしまった」

アサリを取っていた漁民の口調は厳しかった。事業は二〇一一年完成の計画だが、漁民や市民の根強い反対運動が続く。

開発時代の名残のような事業は韓国にも日本にもあるが、一方で、始華地区の反省や藤前干潟の保全に見るように、時代が確実に変わっていることは間違いない。

欧米の変化

イタリア北部の、水の都ヴェネツィアから古都ラヴェンナにバスで向かう途中、広大な湿地帯に出合ったことがある。アシ原の中に木組みの展望台があって、野鳥観察ができるようになっていた。そこは東のアドリア海に注ぐ大河・ポー川の河口に形成されたデルタ（三角州）である。話には聞いていたが、その風景からだけでも湿地再生事業が着々と進んでいることが理解できた。

欧米ではいま、湿地開発から湿地再生の時代に入っている。ポー川河口はその代表例の一つである。

その再生事業に詳しい金沢大学助教授の碇《いかり》山洋氏が市民グループの冊子に書いているところによると、ポー・デルタではムッソリーニ政権から戦後にかけて、大規模な干拓が急速に進んだ。そのために水質が悪くなり、漁獲も減った。干拓で生まれた農地はと言えば、土地の塩分濃度が高く、営農は困難をきわめた。貧しい人々を豊かにしようという干拓だったが、結果は暮らしをさらに貧しくしただけだった。

問題を解決する道が湿地の再生だった。再び漁業を盛んにし、湿地を売り物にした観光で地域おこしを進めようとしている。近年は干拓地を湿地に戻し、公園として整備が進んでいる。

米国では、フロリダ半島の南部に広がる湿地・エバーグレーズの再生事業が有名だ。そこは世界最大級の湿地帯で、二十世紀に入って激しい開発が進んだ。湿地は埋め立てられて、農地や工場、住宅が造られた。水を抜く排水路も多く造られた。蛇行した川は直線化され、堤防で囲われて大きく変容した。水質も悪化した。そのためにアリゲーターと呼ばれているワニが激減するなど野生生物の生存が脅かされた。

そんな反省から、九〇年代に入って、湿地をよみがえらせるための法律ができ、再生事業が本格化した。

開発から保護、さらに再生へ。そうした転換は湿地を見る人々の目が大きく変わってきた反映だ。潤いのある湿地があってこそ、野生生物も私たち人間も生きられる。

森林は生物多様性の宝庫

湿地に比べれば、水や生物にとっても大気にとっても森林が大切なことは広く知られている。世界資源研究所や国連環境計画など編の『世界の資源と環境』(二〇〇一—〇二年版)を手がかりに、改めて考えたい。

森林は二酸化炭素を吸収し、地球温暖化防止に寄与する。雨水を養い、水の流れる量と時期を調節して治水に役立つ。汚濁物質を濾過《ろか》して水をきれいにもする。そこは「生物多様性の宝庫」でもある。その森林もまた危機的状況にある。

世界の森林は一九八〇年代初頭までに、開発などによって二〇パーセント失われたという推定もある。森林火災は激増している。伐採や過剰な開発など人為的に、あるいは極端な乾燥化といった気候変動によるものと考えられる。こうした森林の劣化により、推定十万ある樹木の種類のうち、八千七百を超える種が脅威にさらされている。熱帯林の消失がこのまま二十五年間続くと、森林をすみかとする生物種の数は四パーセントから八パーセント減るとみられている。

川や湖などに注ぐ集水域の森林という観点から見ると、世界の主な地域のうち三〇パーセントで、もともとあった森林の多くが失われた。その結果、治水や利水の役割がかなりそがれていると思われる。

近代に入ってからの森林破壊がいかにすさまじかったか。『破壊から再生へ　アジアの森から』（依光良三編著）に従うと、例えばフィリピンでは、二十世紀初頭に国土の七〇パーセントもあった熱帯林が現在、一九パーセントにまで減ってしまった。日本が高度成長期に良質のラワン材を求めて買い付けた影響も小さくない。

また、フィリピン沿岸部の豊かなマングローブ林は、燃料や建築・家具材として切られたうえに、エビの養魚池づくりで開発され、急速に衰えてしまった。その面積は一九四八年には四十五万ヘクタールあったが、二〇〇〇年には十一万ヘクタールと、四分の一にまで減少した。

マングローブは干潮時には広大な干潟を形成するところが多く、すでに見た湿地と同様に、魚やエビ、カニ、鳥など多くの野生生物を育む場である。その林は高波や暴風に手を広げ、陸の住宅を守る。そうした場の破壊は防災機能を衰えさえ、漁業資源を細らせ、人々をさらに貧しくさせる。

前掲書によると、九〇年前後からフィリピンやタイ、マレーシア、インドネシアでは、原生林の伐採禁止や保護林の設定といった政策が進められている。インドでは植林も盛んだ。過去を嘆くばかりでは前に進めない。そうした動きを大事に育ててゆきたい。

緑のダムの力

日本は国土の七割近くが森林で、世界屈指の木の国である。それでも、よそさまのことばかり言ってはおられない。森林のうち四割はスギやヒノキなどの人工林で、半分近くが放置されている。

高知県梼原《ゆすはら》町の中越武義町長に会った時の話は印象的だった。彼は最近、住民からこんな訴えをよく聞くというのだ。

「水が枯れた」

四万十川の源流域に位置し、森林に包まれた町では住民四千五百人の多くが沢水を引いて暮らす。そこで水枯れとは驚きだが、町長には思い当たる節があった。適切に木を切る「間伐」が行き届いていないな、と感じていたのだ。間伐されていない人工林は茂った葉が光を遮り、草が育たない。すると土壌が固まり、水がしみ込みにくい。わき水も細り、「緑のダム」としての機能が劣る。

町はいま、手厚い補助制度を設け、間伐に全力を挙げている。ただ、この町が注目されるだけ、全国的にはまだまだ森林の手入れは貧しいということだ。

緑のダムが利水や治水に役立つことを、私たちは経験的に知っている。けれど、その緑が一体、どれくらいの治水能力を持つのか、研究は意外に少ない。

そんな中、四国の吉野川流域で市民と学者が協力して調査した結果が、二〇〇四年にまとまった。

森林の保水力を見定める手法の一つは土壌に雨がしみ込む時間を計ることだ。時間が短ければ保水力が大きい。その緑の力を「浸透能」と言うが、放置人工林の浸透能は自然林の四割にすぎなかった。だが、適切な間伐さえすれば、人工林の間に広葉樹が繁茂し、浸透能は自然林と遜色《そんしょく》ないほどに向上することが分かった。

人工林であっても、手入れさえすれば、緑のダムとして機能する。このことは、水不足や洪水に悩まされている世界各地についても応用できることだ。

中国では「退耕還林」

中国では環境破壊が限界にまできていると言うべきか、最近は森林再生の動きが顕著である。農地を林に戻すという「退耕還林」である。せっかく開墾して手に入れた土地を林にするというのは尋常ではない。それだけ事態は深刻とも言えるが、「全土に緑を」という政策は望ましい方向ではある。

山西省の黄土高原南部の道端でアンズを売っていた中年の女性に出会ったことがある。李花花さん。二〇〇〇年に畑五十アールほどをつぶし、リンゴやナツメなどを植えた。露店ではその実りを並べていた。

「政府の援助があるので、生活は以前よりむしろよくなった」

と明るかった。果樹農家として自立するまで八年間は食料と教育資金がもらえる。一年目は苗木購入費も出る。その代わり、果樹以外に、土を養う潅木《かんぼく》や草も植えなければならない。

こうして中国では緑が広がっている。『中国環境状況公報』の二〇〇〇年版に退耕還林と、農地を草地に戻す「退耕還草」の実績が報告されているが、それによると、その年だけで、二つの方法を合わせて東京都の四倍の広さが緑地になった。他の植林政策も加わって、国土に占める森林の割合は一九九三年の一三・九パーセントから一六・六パーセントに上がっている。

もっとも、日本から見れば、何とも低い森林被覆率だ。しかも、そうした数字の中には背の低い潅木も含まれているとみられ、実態がなお危機的であることは変わらない。

悲しいことに、往々にして人間は目先の利益に目が向きがちである。次の世代、将来の世代のことまで想像力がなかなか及ばない。森林に限らず、過剰な開発はそうして豊かな環境を危うくしてきた。その環境は失ってみて初めて価値あるものと気づく。森林や湿地の場合もそうだろう。

3 自然と生きる

欧米の転換

世界で洪水が頻発している中で、最近は近代治水技術の限界が指摘されている。

きっかけの一つは、米国第一の大河・ミシシッピ川で一九九三年に起きた大洪水だ。支流を中心に各地で堤防が切れたり、堤防から水があふれたりし、死者四十五人、一兆円以上の被害を出した。水系には多くのダム群もあるが、結果からみれば、ダムも堤防も洪水を防ぐことはできなかった。

日本生態系保護協会が米国政府の資料を訳した『21世紀に向けたアメリカの河川環境管理』によると、ミシシッピ川流域では一九八〇年までに、湿地の五三パーセントが農業干拓などで失われた。湿地は雨をためたり、川からあふれた水を受け止める機能を持つが、そうした「氾濫原《はんらん》」の消失が洪水被害を大きくした一因だった。

米国はダムや堤防に依存し過ぎてきた政策を反省し、流域の湿地を復活させ、そこに水をあふれさせる方向に転換した。

九五年には欧州各地が記録的な豪雨に見舞われ、ライン川がドイツやオランダなど各地であふれ、数十万人が被災した。これも湿地が減ったことと無縁ではない。

以前会ったオーストリアの環境コンサルタント、カール・アレクサンダー・ジンクさんの話だと、ライン川はかつて蛇行していたが、河川改修で直線化された。耕地が生まれた半面、蛇行部に広がっていた湿地が消え、川の水位が一気に上がるようになった。

欧州ではすでに八〇年代から、生態系や環境を守るため、湿地を回復させようという考えが広まっていた。九五年洪水後は、自然再生の動きが加速した。

「堤防やダムに頼る治水を改め、水があふれることを前提にした川に戻す。川の沿岸部を政府や州が買い取り、洪水時はそこに水をあふれさせる。その水は自然の力で湿地や森をつくってゆく。そうした自然の回復こそが治水と再認識されたのです。ドイツやオーストリアでは再生事業が二、三千はある」
とジンクさんは語っていた。

治水事業が大きくする流量

日本も欧米をモデルに、明治以降、湿地は開発で埋め立てられ、蛇行した流れは直線化された。水辺の樹木は伐採され、高い堤防が築かれた。上流には治水ダムも造られた。それにより、水質は悪化し、多様な生態系が壊された。魚は各地で産卵の場を奪われ、野鳥はすみかを狭められた。景観は激変し、川は人工の水路と化した。

しかし、自然を傷つけて成し遂げた治水の近代化は皮肉なことに、かえって洪水の規模を大きくした。

高橋裕・東京大学名誉教授によると、利根川は一九〇〇年に、毎秒三千七百五十トンの洪水を流すことを目標にしていた。その治水のための流量を「計画高水流量」と言う。だが、一九一〇年にはそれを上回る毎秒七千トンもの洪水に襲われた。すぐに、計画高水流量を毎秒五千五百七十トンに改めたが、一九三五年にはまたもそれを超える毎秒九千四百トンもの大洪水が来た。今度は計画を毎秒一万トンに上げたところ、それも一九四一年の洪水であっさり破られ、四七年には毎秒一万七千トンもの大洪水に見舞われた。八〇年には計画を一気に、実績をはるかに上回る毎秒二万二千トンまで上げた。

川を堤防で直線化すると、雨水が素早く海に流れ、沿岸の水はけはよくなる。他方で、川の流量は一時的に膨らむ。さらに、河川改修が進んだ安心感から両岸が開発され、森林や草地、田畑など水をためる「遊水地」が減る。これも川の流量を増やす。

そこで、再び堤防のかさ上げなどをして、川が洪水に耐えられる流量を大きくする。すると、一段と開発が進み、また流量が増す。いたちごっこなのである。

戦後は上流に十カ所もの治水ダムが造られた。利根川の堤防は明治のころに比べ、三、四メートルも高くなっている。それでも、水を完全に治めるには至っていない。しかも、あまりに高い堤防はいったん切れると甚大な被害をもたらす。近代河川技術の限界と言える。欧米と同様、治水の発想を変えることが必要である。

時代はあふれる治水

高橋さんは近代治水の限界を指摘してきた先駆者の一人だ。

「川の氾濫を許容する治水思想を取り入れるべきです。日本人が本来抱いていた川、水、自然とのすぐれたつき合い方をいま一度呼び起こしたい」

と主張している。

四国の吉野川を徳島市から上流へ行くと、やがて両岸がうっそうとした竹林で覆われた光景に出合う。江戸時代から続く日本最大の水害防備林である。昔に比べれば減ったが、なお三百ヘクタール以上が残る。川が洪水になった時、あふれる水の勢いを和らげ、流れ込む土砂を止めてきた。水害を軽減するのに効果があった。

京都の桂川沿いを歩くと、竹や樹木が桂離宮を囲んで茂っていることに気づく。これも水害防備林だ。離宮内の書院は高床式で、水に浸らないようになっている。名勝はこうして守られてきた。

愛知県を流れる豊川下流の豊橋市には、江戸時代から残る広い「遊水地」がある。ふだんは田畑として使われ、洪水時だけ水を受け止める場である。その遊水地に沿って築かれた「霞堤《かすみてい》」と呼ばれる堤防には、初めから切れ目があって、水はそこから遊水地にあふれ出す。川の水位が下がると、水は自然にまた川に戻る仕掛けだ。

宮崎県を流れる北川にも霞堤はある。九七年の洪水では、そこから水があふれ、北川町の田畑や周辺の家を水浸しにした。しかし、復旧工事後もそのまま残された。

「ふさいでくれ」

住民の中には不満もあったが、町や県は、

「霞堤があったからこそ、ほかの地域が助かり、大きな被害を抑えることができた」

と、住民に理解を求めた。

こうした氾濫を認める治水は、江戸時代までは珍しくなかった。洪水と共存する知恵と言える。それが近代的なダムや堤防に取って代わり、消えていった。かろうじて残った遺産からくみ取るべき点は多い。

前にも述べたが、失って初めて価値を知るとは、伝統治水についても言える。それは国土交通省の治水事業にも見られる。例えば、紀伊半島の南端にある三重県紀宝町の相野谷《おのだに》川流域での事業だ。

そこは水害の常習地帯で、二〇〇三年八月の台風でも四十戸余りが床上浸水の被害を被った。雨が多いうえ、戦後は天然林がスギなどの人工林に植え替えられて保水力が弱まり、川が増水しやすくなった。一方で、宅地開発が進んだ。そんな背景がある。

その流域にちょっぴり変わった堤防が造られた。よく見かける河川堤防と違って、低地にある三つの集落をそれぞれ取り囲む形になっている。「輪中堤《わじゅう》」と言う。周りの田畑が水につかることは覚悟し、住宅と人命だけを守る堤防である。

集落の一つ、高岡地区は三十五戸が輪中堤で囲まれる。田畑との間には高さ三メートルほどの土盛りが築かれていた。敷地の乏しい川側はコンクリートの壁だ。輪中堤は水防の砦《とりで》といった感じである。

輪中堤も川があふれることを前提にした伝統的な治水方法だ。従来の河川堤防に比べ、早く安くできる。戸数の少ない地方に合った対策だ。昔の輪中堤がいま息を吹き返し、各地に広がり出している。

山の多い日本は欧米と違って、川の土砂がつくった沖積平野に多くの人が住み、川の流れも速い。地域を頑丈な堤防で守らざるを得ない事情はある。河川改修が必要なところもあろう。しかし、治水なら自然をいくら傷つけてもいい時代ではない。人命と同時に、環境をも守る川づくりを目指すべきだ。その手がかりが「あふれる治水」である。

川とつき合う

江戸時代の浮世絵師、安藤広重の代表作である「東海道五十三次」は江戸の日本橋に始まり、京都の三条大橋で終わる。そこには川と人の織りなす風景が実に多い。

多摩川で舟に乗る着物姿の女性。大井川を板に乗って担がれて渡る武士。天竜川では、きせる姿の船頭が描かれている。川は、人々にとって身近な存在だった。

人は自分の住むところからどれくらい歩けば、川などの水辺に近づけるか。全国二十の都市についての旧建設省の研究によると、江戸時代はおおむね二百メートル以内だった。現在は三百メートルを超える。東京では五百メートルだ。心理的な距離感では、川はもっと遠い存在になっている。それだけ近代に入って、川が開発や河川改修によって自然の姿を失ってきたからだろう。

川や水、自然とどうつき合ってゆくか。治水のあり方を変えてゆくことは、そのことを問い直すことでもある。

都市の水循環

むろん、都市部では川をあふれさせるわけにゆかない。だが、あふれる原因の一つは街をコンクリートで覆い、雨水を下水道で大量に川へ流してきたことだ。

降った雨のうち、地下にしみ込む割合を示す浸透率は東京二三区だと、わずか一〇パーセントしかない。他の都市も総じて低い。舗装された道路やビルに阻まれ、雨水はなかなか浸透しない。緑地や池も開発で随分、失われた。だから、ひとたび豪雨になると、雨は下水道へ一気に集まる。水がはけず、街は水浸しになる。

都市の水害は雨を邪魔もの扱いし、自然の「水循環」を狂わせたことにある。水は雨となって降り、地下にしみ込む。それがわき水をつくり、川から海へ流れ、蒸発してまた雨となる。これが自然の循環だ。近代の都市はその循環を人間に都合がよいように変えることで発達してきた。それが利便性を向上させたとはいえ、行き過ぎれば災いを招く。前にも触れた都市型水害は典型だ。

さらに、地下に水が浸透しないと地下水が細くなり、地盤沈下をもたらす。沈下を防ぐためには、井戸水のくみ上げを規制せざるを得ない。都市は自前の水源を失う。地中の水分の減少は土地を乾燥させ、猛烈に暑いヒートアイランド（熱の島）現象の一因になる。その暑さで上昇気流が発生し、集中豪雨の引き金になるとの説さえある。

水の循環の視点から、都市のありようを見直さなければならない。

道路を透水性にしたり、緑地を増やしたりして、雨水を浸透させることが大切である。簡単な方法は雨水をためることだ。東京の国技館は代表例である。雨水を地下の貯水槽にため、下水道の負担を減らした。ためた水は水洗トイレに利用している。

実のところ、日本は墨田区が旗を振って、こうした雨水貯水を進めたことから、東京ドームなど全国にざっと千カ所の雨水施設を抱え、ドイツと並ぶこの方面の先進国だが、さらに雨水貯水を広げなければならない。

雨水を「流す」から「しみ込ませる」「ためる」という方向に、都市の構造を変えてゆく必要がある。雨水をできるだけ自然の循環の中に戻さなければならない。それは世界各地の都市についても言えることだ。

雨水貯水のすすめ

二〇〇二年開催のサッカー・ワールドカップ（W杯）用に造られた仁川《インチョン》サッカー場を訪ねた時、五万人の観客席を覆うドーナツ型の屋根から何本ものパイプが垂れ下がっているのを目にした。パイプは雨水を地下の貯水槽に導くものだ。貯水量は六百トン。家庭で一日に使う水量に換算して千五百人分だ。ポンプでくみ上げ、スプリンクラーで芝に散水する。

芝を養うには膨大な水がいる。水道水を節約するため、韓国ではW杯前、五つのサッカー場にそんな雨水貯水施設ができた。やはり新設された全州《チョンジュ》サッカー場は消防用にも雨水を蓄えている。それら貯水は下水道に流れる雨水を減らすことができ、都市の治水にも役立つ。

雨水貯水は簡単で、世界のどこでも応用できる。中国ではもっぱら水不足対策に採用している。二〇〇二年に蘭州の甘粛省水利科学研究所を訪問した折には、「１２１方式」というユニークな方法を聞いた。最初の「１」は、庭や屋根に百平方メートル程度の雨の集水場所を一カ所、確保すること。「２」は、その水を導く二つの「貯水井戸」建設だ。井戸とはいえ、これはためるだけのものだ。最後の「１」は、近くに野菜畑や果樹園を一カ所設け、ためた雨水を有効に生かそうという意味である。

「安上がりに農民が取り組みやすい方法を考えたら、こうなった」

李元紅所長はそう語った。省政府もセメントなどの材料を援助している。

井戸一つの貯水量は三十トン。十三アールの野菜畑に必要な水を賄うことができる。その効果は実績で証明され、その方式の施設は全土で三百万カ所を超す勢いだそうだ。

甘粛省から東は緑の乏しい黄土高原が広がる。そこでは道路の水たまりも貴重な水源になっており、雨を貯水井戸に導く方法そのものは昔からあった。改良された方式はとくに近代的なものではない。しかし、そうだからこそ、農民には有効だろうと感じた。

どんなやり方であれ、雨水貯水をもっと世界に広めたい。

先に紹介した高橋さんは、雨水浸透・貯水を自ら実践している学者でもある。屋根に降った雨の半分は庭の地下へ導き、徐々に浸透させる。残り半分は貯水槽にため、トイレの水と庭の散水に使っている。

「各戸で行えば、雨水資源の有効利用、地下水涵養《かんよう》、水害軽減の一挙三得の効果を期待できる」

と、著書『都市と水』の中で書いている。新築や改築時でなければ、だれもができることではないが、雨水に対するこうした心構えもまた、水を身近なものにし、水危機脱却の道につながるだろう。

4 国際協調

ナイル川の利害対立

「人々の移住や高い出生率で、ナイル川流域の人口が急速に膨らんでいます。例えばスーダンの首都・ハルツームの人口は一九八八年に二百十一万人だったのが、九八年には四百三十七万にもなった。いまはもっと多い。それに伴い住民が安全な水を手に入れられなくなり、安全水を飲める比率は二〇〇一年時点で八六パーセントです」

「ナイル川上流にあるエチオピアの青ナイル川流域は人口が急増し、灌漑《かんがい》農地が拡大し、水需要が増えています」

「ナイル川流域十カ国は一億六千万人がその水に頼って生きています。流域外も含めたその川への依存はその倍になるでしょう。共通の問題は人口増と貧困、環境の劣化です。ナイル川とともに各国が協力してこれに取り組む必要があります」

「水は対立の種になるけれど、平和と繁栄の道具にもなります」

日本で開かれた「世界水フォーラム」の会場で出ていたナイル川に関する意見の一部である。ナイル川は長さ六千六百九十五キロ。世界最長の川で、国境を越えて流れる典型的な国際河川である。それだけに、一国の水政策が他国に影響し、時には緊張関係を生むことになる。『水不足が世界を脅かす』(サンドラ・ポステル著)によると、過去には軍事衝突こそなかったが、エジプトが上流のスーダンと対立して軍隊を出動させたこともある。両国は一九五九年に協定を結び、水を取る量を決めた。しかし、スーダン上流の青ナイル川源流域を抱えるエチオピアは自国を除いた協定に納得しない。フォーラムのやりとりはそんな紛争の歴史を踏まえたものだ。

ナイル川は青ナイル、白ナイルという二つの川がハルツームで一本にまとまってエジプトへ流れてゆく。青ナイル川上流の国はエチオピアのほかにエリトリアがある。白ナイル川上流は、赤道直下にあるビクトリア湖を取り巻く格好で位置するタンザニア、ブルンジ、ルワンダ、コンゴ、ケニア、ウガンダの六カ国だ。

現実のナイル川の恵みは、「エジプトはナイルの賜《たまもの》」と言われる通り、圧倒的にエジプトが享受している。国力や過去の実績による。しかし、上流国が貧困から抜け出し、経済的に浮揚しようとすれば、ナイル川の水を頼みにするところは大きい。エジプトは上流国の水開発を警戒する。

水争いを象徴する言葉としてよく引き合いに出されるのが、エジプトの故サダト大統領がイスラエルとの中東戦争を終結させ、和平に合意した後まもなく語った言葉だ。前掲書によ

ると、サダト氏は、

「エジプトを再び戦いに引き出せるものがあるとしたら、それは水だけだ」

と公言したという。「水戦争」を予想していたわけでなく、水問題に対する注意を喚起する発言だろう。

さすがに戦争となると、世界はブレーキが働いていてそう起きるものではない。だが、深刻化する水問題は戦争をも誘発するという危機感は持たねばならない。

融和の流域管理

その意味で、ナイル川をめぐる最近の動きは好ましい。その一つが、流域十カ国による「ナイル流域イニシアチブ（構想）」という組織が一九九九年に設立されたことだ。各国が手を携えてナイル川の水を適正に利用し、貧困の克服と経済発展を目指すものだ。十カ国の水担当大臣は二〇〇一年の会議で、協力の決意を誓った。二〇〇二年には日本で、世界銀行や二〇〇三年世界水フォーラム事務局が音頭をとって、「ナイル流域水閣僚円卓会議」が開かれた。

紛争については直接触れず、貧困や水質悪化などの問題について意見を交換した。規模は違うが、日本の淀川の流域管理についても日本側と意見を交わした。淀川は琵琶湖を水源とし、その湖の汚染問題では流域挙げて取り組んでいる。ビクトリア湖を水源とするナイル川流域が参考にすべき点はあったようだ。

ビクトリア湖はウガンダ、タンザニア、ケニアにまたがるアフリカ最大の湖だ。周辺開発による汚染がひどくなっているうえ、ナイルパーチなど大型の外来種を入れたことで、他の魚が生存競争に負け、湖固有の多様な生態系が狂ってしまった。例えば、『世界の資源と環境』(二〇〇〇―〇一年)によると、湖には三百五十種を超すカワスズメ科の魚がいて、その九割はこの湖固有の種だったが、今日ではそのうち半分以上が絶滅したか、ごくわずかしか発見できなくなった。

水源の異変はナイル川流域全体としても看過できない問題だ。砂漠化問題を含め、ナイル川流域では世界銀行や国連開発計画など国際機関の支援を受け、各国の協力態勢が整いつつある。対立から融和へ。国際河川でそんな方向が生まれてきたことは意義深い。

国際河川の紛争や緊張関係は数多いが、二十世紀中に武力衝突まで至った例は、前掲書『水不足が世界を脅かす』によると、イスラエルとシリアが一九五〇年代と六〇年代に合わせて二回、エチオピアとソマリアが六〇年代に、モーリタニアとセネガルが九〇年前後に各一回の計四回しかない。意外に少ないように見えるが、だからといって、この先、水の危機が深まれば「戦争の心配はない」とも言えない。

過去に二回も衝突しているイスラエルとシリアの争いは、国境を流れるヨルダン川の権益をめぐるものだ。川の流域にはほかに、レバノン、ヨルダン、エジプトがあり、さらにパレスチナの人々が暮らす。アラブとイスラエルの積年の確執には双方の民族、宗教の違いやイスラエル側の領土拡張政策以外に、ヨルダン川の水確保が絡んでいることを忘れてはならない。

『地球の水が危ない』(高橋裕著)によれば、国際河川は一九九九年現在で二百六十一になる。小さな国の多い欧州が最も多くて七十一。次いでアフリカが六十、アジアが五十三。地球の全陸地の四五パーセントは国際河川流域にある。中東のヨルダン川やチグリス・ユーフラテス川、アジアのメコン川、ガンジス川、欧州のドナウ川など、国際河川の問題はその本に分かりやすく書かれているが、上下流、あるいは対岸との利害は対立しがちで、紛争の火種はあちこちにある。

しかし、地球規模の水の危機、環境の危機を前に、争っている時ではない。関係国の協調がますます求められる。それぞれの国や地域に暮らす人々も、この「水の惑星」を守るために地球人として自覚すべき時代だろう。スーダンのハルツームで夕日に映える青ナイル川に感動したことを思い起こしながら、そう痛感する。

移動する「仮想水」

日本に国際河川はない。けれど、食糧や木材の輸入大国である。それらを作るのには大量の水が使われている。とすると、形を変え、水を輸入していることになる。米や小麦を作るのに多くの水が必要なことはすぐ分かるが、実は牛肉や豚肉の生産にも多量の水がいる。牛や豚は水を飲むだけでなく、たくさんのえさを食べる。そのえさづくりには大量の水が使われているからだ。

食品と水使用量との関係を栄養学的見地から試算した資料が『地球白書』（二〇〇四―〇五年版）に紹介されている。牛肉からたんぱく質十グラムを摂取するには、その牛肉を作るまでに千リットルの水を必要とする。その水使用量は米の五倍である。牛肉から五百カロリーを得るには、同じように四千九百二リットルの水を要する。それは米の二十倍近い。肉を食べても多くの水を消費していることになるのだ。

こうした形を変えた水のことは「仮想水」と呼ばれ、貿易によって地球規模で移動している。高橋裕さんは「水の国際化」と言っているが、水問題を考える時に、水の国際化に想像力をめぐらせ、他国の水にも関心を持つことが必要だ。

援助は住民のために

日本は有数の援助大国だ。二〇〇三年の外務省資料によると、水分野への政府開発援助（ODA）はそれまでの過去三年間で年平均約二千億円。金額だけ見れば、国際的な貢献度は大きい。しかし、気になるのは本当に現地の人々に喜ばれているかどうかだ。かつてに比べれば、いまは海外の情報がかなり届く。それでも、問題が相当深刻にならなければ報道されることはなく、一部の専門家を除いて一般市民には伝わらない。前に紹介したスリランカのダム問題がそうだった。報道のあり方も問われなければならないが、外務省による一層の情報公開が求められる。公開とは失敗例を隠さず出すことで、次に生かすことである。

同じダムでも、国内では住民の目が光っていることもあって、国土交通省は情報公開について、中央官庁の中ではましな方だ。しかし、外務省はと言えば、『住民泣かせの「援助」』(鷲見一夫著)を読むと、十分に国民への説明責任を果たしていないようだ。本はインドネシア・スマトラ島のコトパンジャンダムについて書いたものだ。ダムから追われた住民ら八千人余りは最近、日本政府や関係機関などを相手にダムの水門開放と損害賠償を求めて、問題を日本の法廷に持ち込んだ。住民にとってはよくよくのことなのだろう。

ダムは発電を目的に日本からの借金などで造られ、一九九六年に完成した。住民約一万七千人が移住したが、移転先は農地が整備されていなかったり、井戸から水が出なかったり、劣悪な場所だった。伝統的な文化の基盤は破壊され、象や虎、鹿、スマトラヤギ、マレーグマなどもすみかを追われた。日本の外務省は「先方政府の内政上の問題」としている。第一義的にはそうだが、ここまで事態を悪くした責任は免れない。援助は本来、住民のためでなければならない。しかし、その住民が怒るとは一体、援助はだれのためなのか。

世界では十一億人が安全な水を飲むことができない。二十四億人が下水道など衛生施設を利用できていない。毎日六千人の子どもが水関連の病気で死亡している。世界水フォーラムでこうした数字を挙げ、国際協力の必要性を説いたのは外務省である。ODAは貧しく弱い人々のために使ってほしいと思う。

NGOを生かす

今後に希望が持てるのは草の根で活躍する非政府組織（NGO）の活躍だ。一例が、井戸水のヒ素汚染で多数の患者が出ているバングラデシュにある。

前に日本のNGO「アジア砒素《ひそ》ネットワーク」がバングラデシュで井戸水のヒ素汚染を調べていることを書いたが、そのグループは水の安全な井戸掘りや治療援助にも協力している。

別の市民グループ、「雨水利用を進める全国市民の会」は「雨を飲む」運動を始めている。そのために、バングラデシュの首都ダッカ近郊の村に、資金を援助し、村人の力を借りて雨水施設を造った。牛舎と雨樋《あまどい》、コンクリートの貯水槽を組み合わせたものである。

雨水は牛舎の屋根から樋を伝って地上に導かれるが、途中に蛇口がある。会で見せてもらった写真には、蛇口にペットボトルを近づけ、水を受ける少女の笑顔があった。

水槽はもう一つが、わきの貯水槽と結ばれている。すぐに使わない水はそちらにためる。水槽の容量は二十トン。一人の飲み水を一日十リットルとみて、集落の百人が二十日間は利用できる。樋の中には簡単なごみ取りがついているだけだ。

「空気が汚れていないので、雨もきれいだ。ヒ素で汚染された井戸水を飲むよりいい。貧しい人も利用できます」

と、会の村瀬誠事務局長は語った。村内では、手にできものがあるヒ素中毒の老人に出会ったことがあるそうだ。

雨水はうまく利用すれば、安全で大量にある水源である。日本は村瀬さんらの熱意もあって、雨水利用では世界の一歩前を走っている。この経験を世界に生かしたい。

植林NGOはすでに相当数ある。これもNGOの一つを紹介したい。

砂漠化の著しいアフリカのサハラ砂漠南を縁取るサヘル地方で緑化に励むNGO、「サヘルの森」がそれである。活動の場はサヘルの西方にある国・マリの荒廃地だ。メンバーの小島通雅さんは六十を過ぎてなお仲間たちと植林を続ける。

「村人はコップ一杯の水で顔や体を洗う。水を糸のように垂らして使っています」

と語る。干ばつや土地と水の過剰利用で乾燥化が進み、水は貴重だ。

会は一九八七年に「サヘルの会」という名で活動を始め、九九年に名称を改めた。これまでに約三十の村で、現地の人々と一緒に数十万本の木を植えてきた。最初に手をつけた地は豊かな森になった。村人はまきを拾い、グループの協力で炭焼きも始めた。炭は売れば現金になる。生活の基盤をつくってこそ森を守ることができるとの考えなのだ。

水の乏しい地での植林は節水型だ。まず雨期の前、土に深く穴を掘る。雨がきて水がたまった時、そこにアカシアなど乾燥地に強い苗木を差し込む。井戸も掘るが、その水も同じようなやり方で少しずつ使う。

「木は育つ過程で水を必要とするが、成長した木は雨期の水をため、木陰は水分蒸発を抑えて草を育て、土地を乾燥から守ります。大干ばつがきても、人や動物は水分を含んだ木の葉や草を食べて生き延びられます」

と彼は緑化の意義を説く。砂漠化防止の緑化は水を養うことでもある。

貧困に取り組む

世界では一日一ドル未満の金で生活している人が五人に一人、一日二ドル未満の人は二人に一人と言われる。ユニセフ（国連児童基金）の『世界子供白書』（二〇〇四年版）によると、生活費一ドル未満で暮らしている国民の割合が高い国はエチオピア、ウガンダ（いずれもアフリカ）、ニカラグア（中米）が八二パーセント、マリ、ナイジェリア（いずれもアフリカ）が七〇パーセント台だ。あと比率の高い順に五〇パーセント以上の国を拾うと、中央アフリカ共和国、ザンビア、ブルキナファソ、ニジェール、ガンビア、ブルンジ、シェラレオネと、アフリカ諸国が並ぶ。

貧困は安全な水を飲む権利、衛生的なトイレを利用する機会、バランスのある食生活、教育を受ける権利などを奪う。貧しい途上国でよく見られる光景は子どもの水くみだ。自宅に水道はもちろん、井戸もないため、遠くまで毎日、水くみに行く。子どもは女性とともにその役割を担う。そんな子は学校にも行けない。アフリカを中心に、世界では一億二千百万人が就学していない。

貧しい国々は上水道や下水道を整備する力が乏しいうえ、仮に先進国の援助でそれらを整えたとしても、極貧層はそこに接続する資金はない。水や衛生状態は改善されず、その結果として病気になり、死亡する。『白書』の指摘で頭に残ったのは学校に安全な水と女子用トイレを整えるだけで、子どもたちは学校で水をくむことができ、女子も学校に通えるようになるということだ。

水は井戸でいい。トイレにしても立派な下水道である必要はない。日本の地方に普及している合併浄化槽は下水道と比べても、能力は劣らない。根本的には貧困をなくすことだが、ただちにできることは、金をかけなくても貧困層に行き届いた水対策だ。大きな施設にこだわらず、小さくてもいいから、弱い人々に役立つ施設を造ってゆくことだ。

国連は二〇一五年に向け、次のように目標を掲げている。
一、一日一ドル未満で暮らす人の割合を半減する。
二、飢餓に苦しむ人の割合を半減する。
三、安全な飲み水を得られない人の割合を半減する。
四、下水道設備を利用できない人の割合を半減する。これは大規模なものだけを想定しているわけでなく、合併浄化槽など衛生的な設備という意味だ。
五、すべての児童が男女の別なく初等教育を受けられるようにする。
六、妊産婦死亡率を七五パーセント、五歳未満児死亡率(出生千人当たりの死亡数)を三分の二、削減する。ユニセフによると、途上国では出生十万件につき、七百五十人以上の女性が死亡している。五歳未満児死亡率は八十二。先進国はこれが十に満たないが、途上国は百前後にもなる。

平和と地球温暖化対策

メコン川流域のカンボジアで一つの寺を訪ねた時、山のような頭蓋骨《ずがいこつ》が葬られているのを見た。一九七〇代後半のいわゆるポル・ポト時代に殺されたり、内戦の犠牲になったりした人々だ。そのころは環境を顧みることもなく、山河が荒れ果てた。有名なアンコールワットの遺跡も傷ついた。

いまは遺跡の修復作業が国際協力のもとに進められ、森林や湿地の保護に目が向いている。それは平和があればこそである。

言うまでもないことだが、これまで書いてきた危機から脱する道はすべて平和が前提の話である。いったん戦争になれば、すべての努力が台無しになる。ベトナム戦争では沿岸の豊かなマングローブ林にまで米軍の枯れ葉剤が投下され、湿地帯は無残に破壊された。イラク戦争も環境破壊は同じだ。

世界のリーダーの資質を問わねばならないとは悲しいことだが、米国はブッシュ大統領になってから国際協調を軽視する姿勢が目立つ。二〇〇一年に地球温暖化対策の京都議定書から抜けると宣言したこともその一つだ。しかし、地球環境は米国のそんな身勝手を許さない事態にきている。

各国の科学者でつくる組織、ＩＰＣＣの報告書が気温は二一〇〇年までに最悪六度近くも上がると警告している。京都議定書では、二酸化炭素など温室効果ガスの排出量を二〇〇八年から一二年までの間に、先進国は九〇年の水準より少なくとも五パーセント減らすことを目標にしている。各国・地域ごとの目標は日本六パーセント、米国七パーセント、欧州八パーセントだ。

米国や日本は逆に排出量が増えており、議定書の目標達成は容易でない。だが、ほかに選択肢はない。地球環境の危機を前に、米国のわがままだっていつまでも続くまい。いずれ協調路線に戻ることを期待し、各国は温暖化防止に全力で取り組むべきだろう。

子どもや孫の世代、子孫に、この「水の惑星」をどう残してゆくか。私たちは手を携えて知恵を絞ってゆかねばならない。

エピローグ　先人の知恵

古代から残るため池

〈ミニペ水路　紀元四五九年に、王ダスケリヤの時代に造られる〉

スリランカ中部で、幅十数メートルの水路をまたぐ橋の中央に、小さな石碑が立っている。一九九六年夏にそこを訪ねた私に、素足で歩み寄ってきたスドゥマパラさん（三二）という女性は、

「この水路があるからこそ、米を年に二回も作ることができ、家族五人が暮らせます。私たちの誇りです」

と言って、土手の草をはむ牛に目をやった。水辺は動物が憩う場でもある。上流に行くと、この国最長のマハベリ川にぶつかる。コンクリートに変わったミニペ堰《ぜき》のわきに、木組みの、古い堰の跡が水面に顔を出していた。水路を下ると、やがて穂をつけるだろう稲が、背を競って一面に広がっていた。

水路で泳いでいた十歳ぐらいの少女は裸のまま、ネックレスが見える程度まで体を起こし、笑いかけた。

古代から残るため池。女性が靴を洗っていた（スリランカで）

胸を布で覆って水を浴びていたのはウィマラワティェさん（二七）だった。

「体がきれいになります」

そう信じるだけ、水路が身近なのだ。一緒にいた妹のレラワティェさん（二五）は、

「衣類もここで洗います」

と、真っ白な歯を見せた。水路は何十キロも延びる。

南部の海に近いため池では、水に足をつけて靴を洗う女性を見かけた。ため池は「タンク」と呼ばれている。

「この水は、私の田んぼにも引いています。タンクはいつできたかって？　あの寺と同じころよ」

と、女性は近くに見える寺院の屋根を指さした。二千三百年前に開かれた寺だった。

同じようなタンクは、山の中腹に小さなものが幾つもある。そこに雨水がたまる。たまった水は水路を下り、ふもとにある大きなため池に集まる。途中、農地を潤し、また大きなため池に流れ込む。水は海にたどりつくまでの間、何度も使われる。そんなタンクが昔から国中に造られていた。

それが、市民グループによると、英国の植民地政策の中で放置され、独立後は鉄とコンクリートを使ったダムや水路など近代構造物に取って代わっていった。それでも、貧しい農民たちに合ったものだったのだろう。二万カ所のタンクがしぶとく生き残ってきた。

同じようなため池はインドにもある。国土が大きいだけに、はるかに多く存在したが、スリランカと同じような道をたどってきた。人力で造られたそれらは近代の巨大なダムに比べ、小さく浅いものだが、それだけに自然に溶け合っていると思われる。雨を逃さないすぐれた仕組みでもある。何より長い歴史を通して地域に根ざし、土地の人々が「自分たちの水」と実感できる水システムだろう。

多くの論者が現在は、そうした先人の知恵を再評価している。

近代を問うに当たって、「昔はよかった」という言い方をするつもりはないが、ただ、これだけの技術の進歩を成し遂げながら、何故、水不足や汚染、洪水に苦しまねばならないのか。しかも窮するのはどこでも貧しく、弱い人々だ。それは近代文明のあり方に病巣があるのではないか、と思わざるを得ない。水の危機は地球の危機である。危機を救うためには、いま一度、文明の傲慢《ごうまん》や過信を謙虚に見据え、歴史の営みに耳を傾ける必要があろう。

最後に、もう一つ、九六年夏の物語を紹介し、私の水の旅を終えたい。

命の地下長城

足元に向かってくる水は光に見えた。

そこは、砂漠の端に口を開けていたトンネル。奥は細く、人ひとりがようやく潜り込める筒のようだ。中は果てしない暗闇が続く。水はその闇からわき出ていた。外気に出たところで鮮明な輝きをもたらす。

夏のその日、発表されたこの地方の最高気温は四六度だった。実際には、五〇度をゆうに超していたろう。乾きに汗も出ない。私は光る水に触れ、ようやく頭の正気を取り戻した。水温は一五度から一七度。この冷気はどこから運ばれるのだろうか。

石ころや砂ばかりの熱砂の地表には、土がこんもりと座った小さな丘が転々と連なっている。丘の真ん中には地下に通じる縦穴がある。人はそこから下り、横穴を掘り、崩れを直し、地上に土を盛ってゆく。その丘は視線のかなたで豆粒になり、点となる。かすんだその向こうには遠く、標高五〇〇〇メートル級の天山山脈が白いベールをかぶっていた。雪はゆっくり溶けて地下にしみ込む。わき水となってトンネルに入り、やがて、人々のもとまでたどりつく。

中国の西方、新疆ウイグル自治区のトゥルファンを中心とした一帯では、そんな水路が地下を縫っている。「カレーズ」である。

自治区水利庁によると、その数は七百七十本、総延長は二千キロにも及ぶ。土地の人々は有名な万里の長城にたとえて「地下長城」と言っている。すでに二千年の風雪に耐え、なお息づく。

トゥカー村の人々

その昔、『西遊記』に登場する僧・玄奘は仏典を求めてインドへ旅する途中、この地方に立ち寄った。東西を結んだシルクロードの往来も、この水があればこそだった。

年間の日照日数は二百六十五日以上、降雨量は年に一六ミリから一七ミリ足らず。わずかに降っても、激しい蒸発に砂漠は湿る間もない。地下水路は、そんな厳しい条件の中で生まれた生活の知恵だった。それは、山の傾斜に従い、何の動力もなしに街や村に水を送り続けている。

トゥカー村では、地下から顔を出した水路が、ブドウ畑を縦横にめぐっていた。

ブドウの棚をくぐった突き当たりの農家を訪ねると、ウイグル族の女性、ハスィエテさん（四〇）が昼食のうどん「ラグマン」を手打ちで作っているところだった。

「これを洗うのもカレーズの水です。清潔で甘く、長生きできます。村には百歳を超すおじいさんもいますよ」

一男三女を健康に育て上げたふっくらとした顔に、自信がにじむ。

隣のじゅうたんを敷いた居間をのぞくと、私の訪問を聞きつけた村人が次々と集まり、車座になっていた。

「遠くから来てくれたお客さんのために、ヒツジを一匹殺そうか」

そう話していると、通訳が教えてくれた。ここでは、客にできるだけのもてなしをするのが習わしだ。申し訳ないので、そんなことはやめてほしい。それより、このうどんをごちそうになります。そう頼むと、ハスィエテさんのほおが緩み、ほっとした。うどんは日本の焼きうどんに似ているが、少しこりっとした感じで、空腹を満たしてくれる。

次女マールズグさん（一四）は毎日、カレーズからくんだままの水を飲んでいる。

「生まれてからずっとそうしている。おなか？　大丈夫よ」

と、大きなひとみをぱっちりさせた。

「水の粒が大きい」

こう表現したのは、居間にあぐらをかいていた農民の一人、ママーティさん（三二）である。カレーズの水は山と砂漠の地下を流れる間に、さまざまな鉱物を吸い込み、独特のものになるというのだ。

「天然のミネラルウオーターだ。きれいで清潔です。水道も必要ない。子ども三人をこの水で育てました。みんな健康です。お茶にしてもおいしい」

水を誇りにしているのだ。こちらもつい、何杯もお茶をごちそうになってしまった。ママーティさんは十五ムー（一ヘクタール）の畑を耕しているが、

「潅漑用水はすべてカレーズで賄っています。ほかのどんな水よりも、ブドウやコーリャン、綿、小麦のできがいい」

とも語った。科学的根拠は分からないが、その実体験は重い。辺境のこの地方を三百種類というブドウの一大産地にしたのも、カレーズに負うところが大きい。

居間の村人たちはいつ終わるともなく、食べ、お茶を飲み、語り続けた。取材がまだあるのでと失礼し、家を出ると、子どもたちがブドウ棚の下で一台のテレビを囲んでいた。そう言えば、少年時代は床屋や風呂屋にテレビを見に行ったものだ。日本ではとっくに失われた光景が、この村にはまだあった。

ブドウ棚をくぐると、目の前には、カレーズによって運ばれた水が一つひとつの畑を包む

ように流れていた。

街も村も、水路が縦横にめぐる。それを維持してゆくことは並大抵のことではない。

水一滴は血の一滴

細い腕ながら、黒い肌のつやが力強さを感じさせる。柔和な細い目を、白いひげがさらに穏やかに見せる。別の日にヤッン村で会ったミティティさん（六四）のそんな顔が忘れられない。十ムー（約七十アール）のブドウ畑を育てながら、カレーズを守り続ける。

「父から私、息子たちへと代々、カレーズを掘ってきています。村には四本あるが、いまはもう一本造っています」

道端で立ち話をしていると、自宅の居間に招いてくれた。そこにもまた、村人が集まってきた。今度はうどんでなく、手作りのパンをごちそうになった。

カレーズ掘りの作業は通常、九人が一組になって進める。三人ずつ交代で地下に潜る。背を丸め、天山山脈に向かって掘り進む。ランプの灯につるはしだった昔と違い、いまは頭に電灯をつけ、電動工具も使う。三キロ進むのに、五年から六年もかかる。すでにあるカレーズも時々崩れるので、年に一度は掘り直さなくてはならない。

作業は危険を伴う。兄は縦穴からトンネルに入ろうとし、伝っていたロープが切れて落ち、背骨を痛めた。仲間の一人も落ちて亡くなった。横穴のトンネルは細くて身動きができないため、仲間の中には背が曲がってしまった人もいる。それでも、村の人々はカレーズにこだわる。

「その水は一滴、一滴が人間の体の血と同じようなものです」

ミティティさんは父からそう聞かされ、六人の子どもにも伝えている。穴掘り仲間たちも、パンを取る手を休めてうなずいた。

長男家族を含めた大家族の十人で暮らし、年収は二万一千元(約三十万円)。

「豊かです」

と漏らした。それで、といった驚きがなくもないが、中国の貧しいところでは年収数万円という家庭もあることを考えると、決して生活は苦しくない。水さえあればどんな作物も自給自足できることが、彼らの気持ちを豊かにさせているのだろう。

カレーズに祈りを込めて

ポプラやニレの木の影が長く伸びてカレーズの水路を横切るころ、人々は水辺に集う。たばこをくゆらす老人、洗濯する女性。子どもたちは体を浸してはしゃいでいた。

カレーズの中では浅い部類に入る縦穴に下りた。四メートル下ってトンネルに入ると、もう腰を伸ばせない。そこから奥へ四・五キロ、天山山脈の方向へ横穴は続く。これでも短い方で、穴掘りの苦労がよく分かった。足元を水が洗った。

カレーズは長いもので二十五キロ。ふつうは十キロぐらいのものが多い。天山山脈の斜面にまず一つの縦穴を掘り、百メートルほど下がったところにまた一つ掘り、そのまた下に一つ掘って、そうした縦穴を街や村に向けて造ってゆく。そのうえで、それら縦穴と縦穴を横穴でつなぐ。五月ごろになると、山の雪が解け、それが縦穴に入り、あるいは縦穴や横穴からしみ出し、急速に水量を増す。水は全部を使い切らず、あちこちに設けた貯水池にためて、冬場はその水で補う。

自治区水利庁によると、かつてはトゥルファンを中心に千七百本の水路があった。総延長は五千キロ。それが一九八七年には千百五十六本、三千五百キロになり、その後も減ってきた。近代技術の発達で、遠くの川から取水したり、深い井戸を掘って地下水を利用したりする方法に押されてきたためだ。とはいえ、依然、カレーズの比重は大きく、最近は貴重さが見直されてきている。

人口二十五万人のトゥルファン市だけ見ても、四百本、千五百キロのカレーズが市内で使われる農業・工業・生活用水の三分の一を賄っている。

カレーズがどこでいつ始まったかは定かでない。自然の泉を使っているうちに、穴を掘って水を出すことを覚えた。イランから掘削技術が伝わった。諸説あるが、いずれにしても水を大切に思った先人が知恵を絞って改良してきたことは間違いない。

同じような地下水路は、イランやパキスタン、アフガニスタンにもある。イランのそれは有名で、「カナート」と呼ばれる。日本でも規模は小さいながら、「マンボ」と称する似た横穴水路が各地にあった。これらも、ダムや機械掘りの深井戸など、近代的な水資源開発の波をかぶって激減した。そんな中で、トゥルファン一帯のカレーズが比較的よく残ってきたのは、辺境の地にあって、そうした波が及びにくかったせいかもしれない。

そしていま。カレーズが近代技術を目の前にしながら生き続けるのは、それが自然の理にかない、農民の心をつかんでいるからではあるまいか。

「カレーズの水は命の源です」

と、農民たちは異口同音に語っていた。

イスラム教徒の多いウイグルの農民は毎年三月、家庭でごちそうを作って祈る。

「カレーズが、また豊かな水をもたらしてくれるように」

カレーズから送られる水をくむ少年。地下水路は街や村で顔を出し、人々を支える
（中国新疆ウイグル自治区のトゥルファンで）

あとがき

私が水問題にかかわるようになったのは、一九七九年に勤め先の朝日新聞名古屋本社から三重県津支局に転勤し、長良川河口堰《ぜき》問題を取材したことがきっかけだった。当時、河口堰問題はいまのように全国的なテーマでなく、地元では反対運動が沈静化し、着工を待つばかりといった空気だった。紙面に出ることもあまりなかった。

なのに、その河口堰に首を突っ込んだのは津に赴任する前に、それまで担当していた愛知県庁の幹部からこう言われたことが気になっていたからだ。

「三重県へ行くなら、河口堰の問題に取り組むといい」

この人は河口堰建設を推進する立場の人だった。この時はどういう意味か分からなかったが、親しかった私に特ダネのヒントをくれたのだ。表面は静かだった河口堰問題はその裏で、政府と自治体が激しい攻防を展開していたことが取材して分かった。

その辺のことは拙著『激流の長良川』に詳しく書いたが、三重県は、

「河口堰で開発される水の使い道がない」

と、計画の見直しを求めていた。結果は、県の主張を一部入れながら着工に至るのであるが、いま、河口堰がためる水は多くが使われず、当時、三重県が心配していた通りになって

いる。

河口堰が全国的に大きな問題になったのは八八年の着工前後だ。火付け役は、釣り師でアウトドアライターの天野礼子さんだった。いまさらという雰囲気の中で、彼女は、

「いまだからこそ」

と説いた。そのころ、山陰の中海・宍道湖では干拓・淡水化計画が凍結され、東北では「白神山地のブナ林を守れ」という声に押され、青森と秋田両県にまたがる青秋林道の建設が中止されていた。環境に対する見方は確かに変わっていた。そんな背景もあって、

「本流にダムのない川を守れ」

という彼女の訴えは新鮮だった。運動は全国的に大きな広がりを見せた。

そうか、そういう時代なんだと、改めて感じた。時代を、水を通して考えよう。一段と、そんな思いに駆られるようになった。

時はちょうど世紀の変わり目。二十世紀を問い、二十一世紀を展望するにはまたとない機会だった。こうして私は水の現場に立ち、近代とは何か、問い続けることになる。

近年の海外の取材に限って、主な水の旅を年代順に整理すると、次のようになる。
▽一九九五年に米国西部
▽九六年にスリランカ、中国新疆ウイグル自治区

▽九七年にドイツ、米国東部、スーダン
▽九八年に中国・長江
▽二〇〇〇年にメキシコ
▽二〇〇一年に中国・黄河
▽二〇〇二年に韓国、中国雲南省・甘粛省、台湾

これらはその都度、朝日新聞の連載や社説、コラム、研究誌「調研室報」「朝日総研リポート」、財団法人・森林文化協会の月刊誌「グリーンパワー」などに紹介してきた。今回まとめた著書はそれらを下敷きに、全面的に書き下ろしたものである。本文中に登場する人々の肩書や年齢は取材当時のもので、一部は近況を伝えた。写真は一部、朝日新聞の紙面に載せたものも使った。

ほかに他のテーマの取材や私的な旅で、インド、タイ、カンボジア、ベトナム、ロシア、オーストラリア、英国、フランス、ベルギー、オランダ、チェコ、オーストリア、ハンガリー、イタリア、エジプトなどを回った。それらの国々で感じたことも一部、本の中に紹介した。

水問題は従来、ともすればそれぞれの地方のことと見られがちだった。雨が偏って降ることや各地の地形や経済力によって、問題の出方が違うことが大きいからだ。例えば、世界を覆う水不足と言っても、雨の多い日本では一部地域を除き、ぴんとこない。各地で水資源開

発が進み、ところによっては水がだぶついていることが問題になっている。

しかし、視野を広げて見ると、各地個別の水問題も実は地球規模の危機とつながっていることが多い。集中豪雨は地球温暖化など気候変動の影響が否定できないし、黄砂の飛来はアジアの環境と関係する。日本は水が足りているとしても、「仮想水」という形で海外の水を消費しているし、湖沼などの汚染は世界共通の問題でもある。水問題は決して、ローカルな出来事ではないのである。赤ちゃんに触れ、そのみずみずしさを感じると、人間の体の多くが水でできていることを実感する。人は、生物は、水の中から生まれ、水があってこそ生きられる。その水とどうつき合ってゆくか。それはこの地球「水の惑星」をどう守ってゆくか考えることでもある。水の旅に一つの区切りをつけたいま、一層、そう感じる。

社会部育ちの私の記者生活は多くが事件や選挙、行政取材に費やされてきた。そんな中で、時間をやりくりして取り組んできたのが水問題だった。そのために、まだまだ行かなければならないところはたくさんあるし、専門家から見れば思考の不十分な点は多々あると思う。それでも私は、この地球に暮らす一人の市民として水の現場に接し、そこで感じてきたことを伝えたかった。

こうして私が水の旅を続けてこられたのは多くの専門家の助けによる。東京大学名誉教授の高橋裕先生からは多くの教えを受けた。東京の自宅で、何度も特別講義をしてもらった。

新潟大学の鷲見一夫教授には大学院の勉強に潜りで参加することを許してもらった。弟子の中国人・胡暐婷さんとともに、スリランカへ一緒に旅もした。

お世話になった方々を順不同で列記する。研究者では大熊孝、稲永忍、武岡洋治、柴崎達雄、高存栄（中国）、竹内宏、戸谷修、藤田佳久、岩坂泰信、石廣玉（中国）、門村浩、真木太一、吉川賢、勝俣誠、宮田秀明、岡本雅美、井形昭弘、西條八束、砂田憲吾、中根周歩、依光良三、上田豊、上野登、森瀧健一郎、保母武彦、浦野紘平、小野有五、加藤三郎、定方正毅、遠山柾雄、楠田哲也、五十嵐敬喜、寺田武彦、武田真一郎、佐藤慎一、村瀬誠、塚脇真二、井上真、大島堅一、長濱直、三本木健治、嶋津暉之、沢野伸浩、綿貫礼子、中村正久、熊谷道夫、倉田亮、安原昭、西川雅高、三上正男、島谷幸宏、安萍（中国）の各氏。滋賀県琵琶湖研究所、国立環境研究所、気象研究所、土木研究所などにも教えられた。

ＮＧＯ関係では日本自然保護協会、世界自然保護基金（ＷＷＦ）ジャパン、各地の市民グループに助けられた。名を挙げれば、青山章行、天野礼子、星野眞、平林泰雄、花輪伸一、東梅貞義、菅波完、姫野雅義、辻淳夫、脇義重、高見邦雄、吉田正人、横山隆一、寺町みどり、佐藤禮子、薫培（中国）、西本伸の各氏。世界水フォーラム事務局の尾田栄章氏や日本水道協会、日本弁護士連合会の協力も得た。

行政関係では甲斐一政、青山俊樹、竹村公太郎、今岡亮司、稲田修一、井上智夫、松田恒

平各氏が忘れられない人々だ。国土交通省、環境省、外務省、水資源機構など政府関係機関や地方自治体にも助力を得た。

海外ではイサム・モハメッド（スーダン）、ベナット・クレー（スリランカ）、朱海燕、李梅子、李浩（中国）、鈴木恵子（メキシコ）、リチャード・フォレスト、勝木一郎、アマツテ・ナレシュ、佐藤久子、谷脇多佳子（以上米国）、諸恵珍（チェ・ヘジン＝韓国）、中曽利雄（ドイツ）、楊明珠、徐啓芳（台湾）各氏らに取材の調整や通訳などでお世話になった。

ほかに名前を挙げていない大勢の人々にも助けられた。感謝したい。

朝日新聞社内では、中馬清福、佐柄木俊郎、若宮啓文の三代の論説主幹をはじめ、論説委員室の仲間たち、名古屋本社の歴代社会部長、社会部員たち、関係する海外特派員たちに見守られてきたことも幸いだった。

編集者の藤田正明氏には前掲の拙著でもお世話になった。水曜社の北畠夏影氏とともに原稿がなかなかできないのを辛抱強く待っていただき、感謝に堪えない。最後に、取材に出るたびに無事を祈って待っていてくれた妻晴美にも感謝したい。

二〇〇四年七月

渡辺　斉

参考文献

今回の本を執筆するに当たって、多くの本や資料を引用し、あるいは参考にした。感謝しながら、順不同で以下に列記する。

『ハンムラビ「法典」』（中田一郎訳、有限会社リトン）
『地球の水が危ない』（高橋裕著、岩波新書）
『都市と水』（高橋裕著、岩波新書）
『地球の水危機』（高橋裕編著、山海堂）
『三峡ダム』（戴晴編、鷲見一夫・胡暐婷訳、築地書館）
『住民泣かせの「援助」』（鷲見一夫著、明窓出版）
『沈黙の川』（パトリック・マッカリー著、鷲見一夫訳、築地書館）
『川がつくった川、人がつくった川』（大熊孝著、ポプラ社）
『ウォーター・ウォーズ』（ヴァンダナ・シヴァ著、神尾賢二訳、緑風出版）
『水不足が世界を脅かす』（サンドラ・ポステル著、福岡克也監訳、家の光協会）
『ウォーター　世界水戦争』（マルク・ド・ヴィリエ著、鈴木主税ら訳、共同通信社）
『ダムはムダ』（フレッド・ピアス著、平澤正夫訳、共同通信社）
『水の惑星』（ライアル・ワトソン著、内田美恵訳、河出書房新社）
『砂漠のキャデラック』（マーク・ライスナー著、片岡夏実訳、築地書館）
『奪われし未来』（シーア・コルボーンら共著、長尾力訳、翔泳社）
『ダイオキシン』（宮田秀明著、岩波新書）
『よくわかるダイオキシン汚染』（宮田秀明著、合同出版）

『しのびよる化学汚染』（安原昭夫著、合同出版）
『水俣学講義』（原田正純編著、日本評論社）
『破壊から再生へ　アジアの森から』（依光良三編著、日本経済評論社）
『エバーグレーズよ永遠に』（南フロリダ水管理局、桜井善雄訳・編、信山社サイテック）
『ダム撤去』（ハインツセンター編、青山己織訳、岩波書店）
『ダム撤去への道』（天野礼子、五十嵐敬喜著、東京書籍）
『河川』二〇〇〇年六月号（日本河川協会）
『FRONT』一九九九年六月号（リバーフロント整備センター）
『世界の資源と環境』二〇〇〇—〇一年版（世界資源研究所、国連環境計画など共編、沼田真ら日本語版監修協力、日経エコロジー）
『地球白書』二〇〇四—〇五年版（ワールドウォッチ研究所・クリストファー・フレイヴィン編著、日本語版監修エコ・フォーラム21世紀、家の光協会）、同書二〇〇〇—〇一年版（ワールドウォッチ研究所・レスター・ブラウン編著、浜中裕徳監訳、ダイヤモンド社）
『世界の湖』（滋賀県琵琶湖研究所編、人文書院）、同・増補改訂版
『世界の水と日本』（第三回世界水フォーラム事務局監修、水資源協会）
『世界水発展報告書』の英文と英・日の概要版（国連）
『世界水ビジョン』（世界水会議）
『世界子供白書』二〇〇四年版（ユニセフ）
『ハンガーマップ』（国連世界食糧計画）
『アジア環境白書』二〇〇三—〇四年版（日本環境会議など編、東洋経済新報社）
『砂漠化対策ハンドブック』（旧環境庁・砂漠化対策総合検討会）
『日本の水資源』各年版（国土交通省、旧国土庁）
『二〇〇二年ヨーロッパ水害調査報告書』（同水害調査団、河川環境管理財団）
『21世紀に向けたアメリカの河川環境管理』（日本生態系保護協会訳・発行）

『ＩＰＣＣ地球温暖化第三次レポート』（ＩＰＣＣ編、気象庁、環境省、経済産業省監修、中央法規）
『一九九五年ヨーロッパ水害調査報告書』（関東建設弘済会、土木学会）
『一九九三年米国ミシシッピ川洪水調査報告書』（関東建設弘済会、土木学会）
『ウエットランド』（ＷＷＦジャパン）
『水辺空間の魅力と創造』（松浦茂樹・島谷幸宏著、鹿島出版会）
『中国の河川』（日本河川開発調査会訪中レポート）
『中国の環境問題』（中国研究所編、新評論）
『黄河の治水と開発』（黄河水利委員会治黄研究組編著、芦田和男監修、古今書院）
中国の日本語雑誌『人民中国』一九九六年一―十二月号など
『中国環境状況公報』二〇〇〇年、〇一年、〇二年版（国家環境保護総局）
『黄河壺口漫談』（世界華人芸術出版社）
『黄河流域基本情況介紹』（黄河水利委員会）
『黄河概覧』（任徳存著、黄河水利出版社）
『中国西北地区気候与生態環境概論』（丁一匯ら主編、気象出版社）
『中国21世紀水問題方略』（劉昌明、何希吾ら著、科学出版社）
"For the Love of Mike" Linda Gillick/WRS Publishing
"The Elwha Report" Department of the Interior
"Water for Urban areas" Juha I. Uitto and Asit K. Biswas/United Nations University Press

渡辺　斉（わたなべ・ひとし）
1945年、愛知県生まれ。名古屋大学文学部（社会学専攻）卒業後、朝日新聞社に入る。名古屋本社社会部、三重県津支局、東京本社社会部などを経て、93年、名古屋本社編集委員（選挙・行政担当）。95年から論説委員（名古屋在勤）。
著書に『激流の長良川』（エフエー出版）、『太陽の村から』（七賢出版）、共著は『母なる川』（郷土出版）など。

水の警鐘　世界の河川・湖沼問題を歩く

発行日　二〇〇四年八月一日　初版第一刷

著者　渡辺　斉
発行人　仙道弘生
発行所　株式会社　水曜社
〒160-0022　東京都新宿区新宿一－一四－一二
電話　〇三－三三五一－八七六八
ファックス　〇三－五三六二－七二七九
www.bookdom.net/suiyosha/
印刷　名鉄局印刷
制作　青丹社
装幀　西口雄太郎

定価はカバーに表示してあります。
乱丁・落丁本はお取り替えいたします。

ISBN4-88065-127-3　C0040